图说冬枣优质丰产栽培

周爱英　赵建明　杨开选　编著

中国科学技术出版社
·北　京·

图书在版编目（CIP）数据

图说冬枣优质丰产栽培/周爱英，赵建明，杨开选编著.—北京：
中国科学技术出版社，2018.7
ISBN 978-7-5046-8020-4

I.①图… Ⅱ.①周… ②赵… ③杨… Ⅲ.①枣—果树
园艺—图解 Ⅳ.① S665.1-64

中国版本图书馆 CIP 数据核字（2018）第 074555 号

策划编辑	张海莲　乌日娜
责任编辑	张海莲　乌日娜
装帧设计	中文天地
责任校对	焦　宁
责任印制	徐　飞

出　　版	中国科学技术出版社
发　　行	中国科学技术出版社发行部
地　　址	北京市海淀区中关村南大街16号
邮　　编	100081
发行电话	010-62173865
传　　真	010-62173081
网　　址	http://www.cspbooks.com.cn

开　　本	889mm×1194mm　1/32
字　　数	40千字
印　　张	3.625
版　　次	2018年7月第1版
印　　次	2018年7月第1次印刷
印　　刷	北京盛通印刷股份有限公司
书　　号	ISBN 978-7-5046-8020-4 / S·732
定　　价	28.00元

前言

P r e f a c e

　　冬枣，又称雁来红、苹果枣、冰糖枣，为鼠李科枣属，是无刺枣树的一个晚熟鲜食品种。

　　冬枣果实皮薄肉脆，细嫩多汁，酸甜可口，可溶性固形物含量达 27% ～ 35%，且肉厚核小，可食率达 93.8%。冬枣营养丰富，据北京市营养源研究所检测分析，冬枣含天冬氨酸、苏氨酸、丝氨酸等 19 种人体必需的氨基酸，总含量为 9.85 毫克 / 千克；蛋白质含量为 1.65%，总黄酮含量为 0.26%，烟酸含量为 8.7 毫克 / 千克，膳食纤维含量为 2.3%，总糖含量为 17.3%，维生素 B_2 含量为 2.2 毫克 / 千克，胡萝卜素含量为 1.1 毫克 / 千克，维生素 B_1 含量为 0.1 毫克 / 千克；维生素 C 含量最为丰富，高达 352 毫克 / 千克，是苹果的 70 倍、梨的 100 倍。此外，冬枣还含有较多的维生素 A、维生素 E 及钾、铁、铜等多种微量元素。故冬枣被称为"活维生素丸"，并有"百果大王""天下奇果"之美称。

　　冬枣历史上仅集中散生于环渤海湾沿海低平原地区的河北黄骅市、山东沾化县等地，河北的沧县、故城及山东的无棣、乐陵、庆云等地有零星分布。

近年来，随着人们生活水平的不断提高和各级政府对农业产业结构的调整，冬枣产业迅猛发展，已成为高效农业的热点和农村经济的增长点。目前，陕西省大荔县、山西省临猗县、北京郊区、新疆的南疆及云南等地已大面积引进种植，并取得了良好的经济效益和社会效益，极大地激发了枣农的生产积极性。特别是采取设施栽培，冬枣成熟期提前至6月上旬，销售货架期从原来的9月下旬至10月份1个多月的时间，延长至6月上旬至10月份长达5个多月，经济效益非常可观，如陕西省大荔县日光温室冬枣每亩产值达9万元以上。

冬枣的营养和保健价值越来越被世人所认识，随着人们对果品需求趋向的多样化，冬枣的市场需求量还在不断增大。同时，在果实市场日益国际化的新形势下，要求冬枣质量特别是卫生安全水平必须达到国际标准，因此推广冬枣优质安全栽培、促进冬枣产业快速健康发展势在必行。笔者根据多年来对冬枣栽培技术的研究和在生产指导中的成功经验，编写了《图说冬枣优质丰产栽培》一书，以图说的形式系统地介绍冬枣优质丰产栽培技术。全书内容充实，技术科学，操作性强，图片清晰准确，文字通俗易懂，图文并茂，形象直观，适合广大冬枣种植者和基层农业技术推广者学习使用。

编著者

目录

Contents

第一章 冬枣栽培的生物学基础

一、冬枣树各器官的生长特性

（一）根

冬枣树是由酸枣实生苗或其根蘖苗嫁接而成的。由根蘖苗嫁接的冬枣树水平根发达，可超过冠幅的 2 ～ 3 倍，集中分布于地下 15 ～ 30 厘米处；垂直根的生长势弱于水平根（图 1–1）。

图 1–1　根蘖苗根系

图 1-2　实生苗根系

由实生苗嫁接的冬枣树，垂直根的生长势强于水平根，垂直根系集中分布于地下 15 ～ 40 厘米处，水平根系分蘖较少（图 1-2）。

冬枣水平根较垂直根发达，向四周延伸的能力很强，分布范围往往超过树冠的 1 倍以上，因此水平根又有"行根"和"串走根"之称。冬枣树水平根的密度与一般果树相比较小，其主要功能是扩大根系分布范围，增加吸收面积，并发生不定芽而形成根蘖。

水平根的垂直分布与树龄、土壤及管理有关，一般以地表下 15 ～ 30 厘米范围内细根最多。幼树期水平根生长迅速，进入盛果期后渐趋缓慢，至衰老期出现向心更新。容易发生根蘖是枣树根系的一个显著特点，根蘖多发生在水平根上。根蘖出土后，地上部生长较快，根系的发育速度则相对较慢，近母树的一面很少发根。一般情况下，直径 5 ～ 10 毫米的水平根上发生的根蘖生长良好，且易分株成苗。母根过粗或过细发生的根蘖均不理想，母根过粗，发根少，且不易脱离母体；母根过细，生长发育不良。另外，机械伤如深耕，可刺激根蘖发生。根蘖发生深度与土壤及耕作制度有关，一般土壤疏松，根蘖发生较深；土壤黏重、管理粗放的枣园，根蘖发生较浅。发生在较深土层的根蘖，发根量大，地上部生长良好。

冬枣的根系先于地上部生长，开始生长的具体时间因品种、地区和年份而异，一般于 3 月下旬开始生长，根系生长高峰出现于 7～8 月份，在落叶始期至终期，根系进入休眠状态。根系生长期在 190 天以上。

（二）枝

冬枣的枝条分为枣头（图 1-3）、枣股（图 1-4）和枣吊（图 1-5）。

1. 枣头　是形成树体骨架和结果单位枝的主要枝条。枣头一次枝基部着生的枝为脱落性二次枝，较上部着生的枝为永久性二次枝。每个枣头抽生 6～13 个二次枝，其中下部的永久性二次枝长且健壮，越近顶端的二次枝渐细且短，甚至形成短芽。

图 1-3　枣　头

图1-4 枣股萌发状

2．枣股　也称结果母枝。冬枣枣股较短、半球形，正常生长的5年生枣股高和基茎均为1厘米左右。枣股抽生枣吊。

3．枣吊　也称脱落性结果枝。枣吊的多少直接影响冬枣的产量。在同一枣吊上，以4～8节的叶片最大，3～7节结果最多且最好。生产中由于肥水管理及修剪不当，部分枣吊会木质化，当年不脱落。

脱落性枣吊

木质化枣吊

图1-5 枣　吊

（三）芽

冬枣的芽分为主芽（正芽或冬芽）、副芽（夏芽）和隐芽。

1. 主芽　位于枣头顶端、枣头枝间（二次枝基部一侧）和枣股上，外被褐色鳞片。一般当年不萌发，在正常情况下处于潜伏状态（图1-6）。

图1-6　主　芽

2. 副芽　位于枣头枝上，当年萌发，除基部多数芽发育成脱落性二次枝外，中部以上的绝大多数芽发育成永久性二次枝。多年生枣股上的副芽大多发育成脱落性结果枝（即枣吊），部分可在当年开花结果。

3. 隐芽　有的主芽处于生长上的抑制时期，暂不萌芽，对于这类主芽称之为隐芽（图1-7）。隐芽在所有枣树上都有，如枣股和发育枝上的主芽，大多潜伏而成隐芽。但当截去大枝后，往往促使断口下部的隐芽萌发，这种发育枝具有明显的徒

图 1-7 隐芽萌发

长性，当年枝长可达 70 ～ 100 厘米，常用于树体更新。

（四）叶

冬枣叶片互生，叶片长卵圆形，基部偏斜近圆形，两侧稍向叶面纵卷，叶面深绿色、光亮，叶两面均光滑无毛，背面淡绿色，叶柄黄绿色，主要着生在枣吊上，少数着生于枣股一侧和二次枝基部。每个枣吊着生 7 ～ 12 片叶，呈单叶互生排列，叶间距平均为 1.7 厘米。叶的大小因栽培管理条件不同而有较大差异，叶的大小、形态、色泽是鉴别冬枣树生长状况的重要标志，叶大且色泽浓绿、光亮，为栽培条件好，生长旺盛；而在瘠薄条件下生长的冬枣树叶小而薄，色泽亮度较差。

（五）花

花是冬枣树的生殖器官之一，是一种特异的变态枝（图 1-8）。

图1-8　枣　花

冬枣的花芽具有当年多次分化、单花分化期短且快、全树分化持续期长等特点。单花分化仅需要 7 ~ 8 天，1 个花序分化需要 7 ~ 20 天，全树完成花芽分化需要 100 天左右。

冬枣花芽分化与树体营养状况密切相关，连续多次掰芽后，枣股萌发力减弱、营养不足时严重影响花芽分化；枣树移栽后因损伤根系，水分和养分吸收受阻，造成营养不良，影响花芽分化。因此，当年移栽的冬枣树开花量少或不开花，结果期的冬枣树萌芽期要加强管理，保证充足的养分供给。

（六）果　实

冬枣属核果类，梗洼及其附近部分为蜜盘形成（图1-9）。冬枣果实分为 4 个发育期。

1. 果实缓慢生长期　从子房开始膨大（即坐果后）到膨大后 15 天，果实呈短锥形。此期伴随有花的开放和蕾的分化，

需要充足的营养物质供应，幼果的这种缓慢生长是树体生理协调的正常反应。

图 1-9　冬枣果实

2. 果实纵径快速生长期　果实发育 16～30 天，此期果实的纵长生长量跨入飞跃期，初步显示果形（图 1-10）。

图 1-10　发育 20 天左右的冬枣果实

3. 果核形成期　果实发育的 30 ～ 45 天，此期果实生长量下降，果核处于跃变阶段，核的硬度增强并达到了固有的大小，因此也称为果核形成期。

4. 子叶与果肉快速生长期　果实发育 45 天起至成熟阶段，约占整个生育期期的 55%。此期内果肉增加量占总重的 70% 左右。

冬枣果实因栽培条件和着果位置不同，其枣果大小和果型有所区别。脱落性枣吊上着生的枣果单果重 10 克以上，果实为圆形（图 1-11）。木质化枣吊上着生的枣果一般较常规枣吊上的大，单果重可达 40 克以上（图 1-12），但果实多呈不规则状。

图 1-11　脱落性枣吊结果状

图 1-12　木质化枣吊结果状

二、冬枣栽培对生态条件的要求

（一）对温度的要求

冬枣树是喜温树种，在日平均温度 11 ～ 12℃时树液开始流动，13 ～ 14℃及以上时枣芽开始萌动，17 ～ 18℃时抽枝、展叶、花芽分化和现蕾，日平均温度达 20℃左右进入始花期，22 ～ 25℃进入初花期。果实迅速生长期要求 24 ～ 25℃的温度，温度偏低，生长缓慢，果实瘦小，果肉干物质少，品质下降，因此生产中在进行引种时应注意观察品种原产地这一时期的气温状况。果实成熟期适温为 18 ～ 22℃，秋季气温降至 15℃时，树叶变黄并开始落叶，至初霜时树叶落尽，进入休眠期。

（二）对湿度的要求

冬枣较抗旱耐涝，对湿度的适应范围较广。开花坐果期空气相对湿度以 75% ～ 85% 为宜。空气过于干燥，影响花粉发芽和花粉管伸长，导致授粉受精不良，引起落花落果。空气相对湿度低于 40% 时，花粉几乎不发芽，产生"焦花"现象。相反，花期若遇连阴雨，花粉粒吸水涨裂，易出现霉花，降低生命力，也影响正常开花、授粉受精和坐果。

果实发育期要求土壤水分较多，干旱会使果实生长受抑制，造成果实小，产量降低。生长中若降雨少，应及时灌溉。

果实生长后期，干燥的天气条件利于冬枣着色和提早成熟；雨水过多，影响果实发育成熟，还易引起多种病害及裂果、烂果，影响产量和质量。

（三）对光照的要求

冬枣属强喜光树种，对光照要求严格。光照充足，果实品质好，产量高；否则，树势生长衰弱，枣果品质差，产量低。

生产中，光照对冬枣结果影响很大。过于密植的果园树势弱，枣头二次枝及枣吊生长不良，无效枝多，内膛枯枝多，结果少，产量低，品质差；而边行却结果多，品质好，这就是常见的结果部位外移现象。果实成熟阶段，光照充足对果实着色、提高糖和维生素含量、降低酸度、增进果实品质有促进作用，此期要求平均日照时数在 7.5 小时以上。光照强度除直接影响枣树地上部分的生长发育外，也间接影响地下部根系生长。光照不足时，根系生长明显受到抑制，新根发生数量也减少，甚至停止生长。

第二章 冬枣育苗技术

目前，冬枣栽培主要采用嫁接育苗。其他方法如扦插、组织培养等无性繁殖方法较少用。这里主要介绍生产中常用的酸枣播种嫁接育苗方法。

一、酸枣砧木苗培育

（一）整　地

宜选择较肥沃的沙壤土质作苗圃地。一般秋季耕地，春季再复整后播种。结合整地前每亩施优质有机肥 1.5 ～ 2 吨、三元复合肥 40 千克、土壤调理剂（中微量元素）25 千克、生物有机肥 40 千克作基肥。墒情不足时应先浇水造墒后再整地。

（二）播种育苗

1. 种子选择　选择外观上成熟度高、种仁饱满、种皮新鲜有光泽、大小均匀、千粒重高、无霉味、无病虫害的种子，同时要求种子内部的种胚和子叶呈乳白色、不透明状，压之有弹性不易破碎。

2. 种子处理 酸枣种子的种皮比较坚硬，直接播种不易发芽或发芽时间很长、发芽不整齐。因此，播种前需进行种子处理，生产中一般采取冬季沙藏和春季浸种催芽 2 种方法。

（1）冬季沙藏法 将种子在温水中浸泡 1 天后进行搓洗，除去果肉、果皮及杂质。将种核在温水中浸泡 2～3 天，使枣核充分吸水，捞出后进行沙藏处理。

（2）春季浸种催芽法 如果春季备种没有进行冬季沙藏处理，可在春季采取浸种催芽处理。方法是种子精选后，用热水（60℃左右）浸种，自然冷却，24 小时后捞出，再用 0.3%～0.5% 高锰酸钾溶液浸泡 1 小时，以消灭附着在种子表面的病菌。然后在 25℃左右的室内将种子摊开，其厚度不超过 10 厘米，上面用湿麻袋片盖好进行催芽，对露白的种子随时捡出播种。

3. 播种方法 20 厘米地温达 20℃左右时即可播种，生产中多采用条播方式。为便于田间管理和嫁接，常采取双行密播，双行间距 70～80 厘米，行内距 30 厘米，株距 20 厘米，根据发芽率确定播种量。由于枣核出芽后顶土力较弱，宜采用开沟播种，沟深 3～5 厘米，沟内开穴点播，每穴播 2～3 粒种子，播后覆土 1～1.5 厘米厚，然后覆盖地膜并适度镇压。幼苗出土后，用刀将其顶部的地膜划开引苗，在划破处用细土将地膜压好。也可在播种行间起高 10～15 厘米的垄，当有 30%～50% 种子出芽后，将其土垄扒开，俗称"放风"。

4. 苗期管理 幼苗高约 5 厘米时进行间苗。苗高约 15 厘米时第一次浇水，并追施苗期肥，每亩可施高氮三元复合肥（28-6-6）15千克。苗高约30厘米时进行摘心，控制幼苗高度，以促进分枝和加粗生长。同时，注意防治苗期病虫害。一般当年或翌年春季即可进行嫁接。

二、接穗选择和采集

接穗采集时间以枣树萌芽前15天左右为佳，可结合冬春季修剪，将优良母株上剪下来的枣头及二次枝收集起来，经过整理后作接穗用。接穗粗度宜掌握在0.6厘米左右，剪截时枣头保留1个芽，二次枝保留2个枣股，在其上部芽的上方0.4厘米处剪断，剪口要平滑整齐。

若夏季嫁接，接穗应随采集随嫁接。

三、嫁接方法

目前，生产中冬枣嫁接育苗，多采用插皮接、劈接和切接。

（一）插 皮 接

插皮接是冬枣嫁接育苗中应用最普遍的一种嫁接方法，适于茎较粗的砧木及大树的高接换头，宜在枣树发芽后进行。具体方法：在已备好的接穗下端主芽背面的下侧方，削一个长3厘米的大切面，切时，下部薄些；再于主芽下方顶端削一个马蹄形的小切面。选择砧木皮层光滑部位，于离地面6厘米左右处剪断枝干，削平截口，在迎风面用刀尖将接口的皮层纵切一个长约1厘米的裂缝。将接穗大切面向里、小切面向外慢慢插入皮层裂缝内，注意接穗的削面不要全部插入接口内，应露出

0.2 厘米左右，然后用较宽的塑料条将伤口包严，并捆紧接穗。近地面接口处可培土保湿。当接穗幼芽长至 15 厘米左右时，小心地切断捆绑的塑料条（图 2-1，图 2-2）。

图 2-1　插 皮 接　　　　　　　图 2-2　捆绑塑料条

（二）劈　接

劈接也是枝接的一种方法，时间可早于插皮接，一般于砧木未离皮时进行，也可于离皮时进行，适接期较长。方法是选择直径 1.5 厘米以上的砧木苗（砧木过细成功率低），从距地面 5 厘米左右处截断，削平截口，然后从断面中间向下竖劈 3 ~ 4 厘米长的接口。

于接穗下部左右两面各削一刀，刀口长 3 ~ 4 厘米，呈楔形。如果接穗比砧木细，切面的内侧可略薄于外侧，主芽在内侧。不要将接穗全部插入，可用刀撬开削面顶部使之露白 0.2 厘米左右，以利于伤口的愈合。如果全部插入，若伤口形成层不能对齐，则会影响嫁接成活率，而且成活后接口处易形成疙瘩。如果砧木较粗，可在两侧同时插入 2 个接穗。

劈接接口结合得好坏与接穗切削的角度有关。切削角度过

大，切口过短，会形成削面下端登空；若角度过小，切削面过长，则削面下部夹紧而上部登空。故生产中要求削面上、下部均能与砧木紧密结合，双方形成层有较大的接触面。嫁接后用塑料条将接口绑紧，并培湿润的沙土保湿（图2-3，图2-4）。

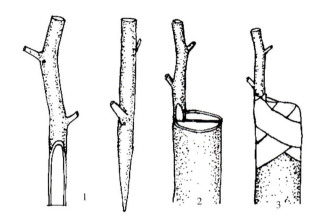

图2-3　劈　接

图2-4　捆绑塑料条

（三）切 接

切接适用于较小的砧木，与劈接方法基本相同，主要区别是砧木的切口不是在截面中央处，而是偏向一边。

嫁接时先将砧木剪断，然后用刀垂直切一切口，切口宽度与接穗直径相等，长度一般为 3 ~ 5 厘米。砧木切好后，在蜡封接穗的正面削一刀、长 4 ~ 5 厘米，深度为削去接穗的 1/2，背面削一个马蹄形小切面、长 1 ~ 2 厘米，接穗留 1 ~ 2 个芽。接穗削好后，把大削面向里插入砧木切口，使接穗与砧木形成层对齐。技术不熟练者，若两边形成层不能全部对齐，则一定要对准一边。然后用塑料条捆绑包严。

（四）大树高接换头

高接换头应根据嫁接时期采取不同的方法，在春节前砧木尚未离皮、形成层及其他分生组织尚未活动前，可进行劈接；砧木离皮后，可进行插皮接。冬枣高接换头一般在嫁接后的第二年即可生长发育成为新树冠，第三年就可以恢复结果能力。

第三章 冬枣建园技术

一、园址选择

枣园周边的环境条件，直接影响冬枣的质量和口感，在选择园址时要充分考虑以下因素。

第一，冬枣园要建在交通方便、水电设施齐全、排灌条件良好的地带，要求地势较平坦、土层深厚疏松、地下水位不超过 3 米、土壤 pH 值为 6.2 ~ 7.8、含盐量不超过 0.3%。同时，园地周围的大气环境必须无污染，大气监测参照《环境空气质量标准》（GB 3095—2012）一级标准执行。

第二，冬枣园周围的水源及水质必须清洁无毒。冬枣园灌溉应采用无污染或污染较轻的河水、井水及水库贮水，不经净化处理的工业废水及碱性生活污水不能作为冬枣园的灌溉用水。

冬枣园灌溉水要求清洁无毒，符合国家《农田灌溉水质量标准》（GB 5084—2005）要求。此外，细菌总数、大肠菌群、化学耗氧量、生化耗氧量等也必须符合有关的规定。

水质的污染物指数分为 3 个等级：一级（污染指数 ≤ 0.5）

未污染；二级（污染指数 0.6～1）为尚清洁（标准限量内）；三级（污染指数 ≥1）为污染（超出警戒水平）。只有符合一级、二级标准的灌溉水，才能用于生产无公害果品。

对冬枣园周围灌溉水质不清楚时，必须进行水质分析，经检验合格后方可使用。尤其是城郊、工矿附近的冬枣园更要严格检验。

第三，冬枣园土壤质量及施肥。土壤污染源：①水质污染。主要是由工矿企业和城市排出的废水、污水污染土壤所致。②大气污染。由工矿企业及机动车、船排出的有毒气体被土壤所吸附。③固体废弃物。由矿渣及其他废弃物进入土壤中造成的污染。④农药、化肥、重金属及土壤 pH 值等。

第四，冬枣园必须有良好的栽培管理基础。要求土壤质地适合，有灌溉条件，农家肥来源充足，品系优良，栽培管理技术比较先进。

第五，有充足的光照。冬枣树是喜光树种，对光照资源要求较高，应选择向阳开阔、无遮阴的地块。山地枣园应选择背风向阳的南坡梯田或台地，可以直接借助台地后坡作为温室后墙，这样不仅降低温室建造成本，而且保温效果好。

第六，选择避风地带。风对塑料大棚的结构会产生破坏性影响，园地要选择避风地带。冬春季有季风的地区，最好上风向有山地、丘陵、防风林或高大建筑物。

二、规范建园

（一）整　地

1. 全园整地　每亩施优质有机肥 1 500～2 000 千克，全面深耕 30 厘米以上。

2. 大坑穴整地 坑穴长、宽均为 60～80 厘米，穴深 60 厘米，挖穴时表层熟土与底层生土分开放，每坑基施有机肥 3～5 千克，与土拌匀后施入。

3. 挖壕沟整地 壕沟宽 80 厘米、深 60～80 厘米，顺行开沟，沟底压入麦秸、麦糠、玉米秸、豆秸等有机质，填土踏实灌足水。此法适于密植丰产冬枣园。

4. 水平台田整地 台面宽不小于 1.5 米，台面外高内低，呈等高线，坑穴规格 60 厘米 × 60 厘米。适于塬区缓坡地。

温馨提示： 温室冬枣栽培，由于在温室建造挖坑时取走了大量的耕作层土壤，降低了耕层土壤有机质含量，改变了土壤理化性能。因此，应增施有机肥，每亩可施有机肥 8 000～10 000 千克、有机菌肥 200 千克、大量元素肥 50 千克，并全面深耕 30～50 厘米（图 3-1）。

图 3-1　温室栽培增施基肥

（二）栽植时期

生产中冬枣栽植时期分为春季栽植和秋季栽植。

1. 春季栽植 从土壤解冻至枣树萌芽为止（北方地区为 3 月中旬至 4 月中旬）。春季栽植，一般以萌芽前栽植为好，这是因为该时期地温上升，根系开始活动，有利于促进地上部分的萌芽生长。北方地区适宜春季栽植。

2. 秋季栽植 从枣树落叶到土壤封冻前为止（北方地区 11 月上旬至 12 月上旬），若带叶栽植，只能用于近距离栽植。此期土壤水分较多，地温偏高，枝叶已落，地上部分呼吸作用较弱，栽植后根部伤口能很快愈合，翌年春季发芽快，生长旺盛且抗旱能力强，成活率高。在落叶后至封冻前这段时间内栽植愈早愈好。南方地区多采用秋季栽植。

（三）苗木选择与处理

选择品种纯正、生长充实、茎干通直、根系发达、枝干无机械损伤、无枣疯病和枝腐病等检疫对象的苗木（表 3-1，图 3-2）。栽植前对苗木进行必要的处理，主要包括截干、剪除二次枝、修根、浸水和用生根粉或保水剂蘸根及蘸泥浆等，最好随挖苗随栽植，未栽完的苗木及时假植。

表 3-1 苗木等级标准

等级	干径（厘米）	苗高（厘米）	根系		
			侧根（条）	长（厘米）	粗（厘米）
特级	≥ 1.2	≥ 100	6	≥ 15	≥ 0.1
一级	0.10 ~ 1.2	80 ~ 100	5	12 ~ 14	≥ 0.1
二级	0.6 ~ 0.8	60 ~ 80	4	10 ~ 11	≥ 0.1

图 3-2　一级冬枣苗木

（四）栽植密度

冬枣栽植密度应根据园地土肥水条件、管理技术水平和栽培目的等因素确定。栽植行向以南北向设置为好。

1. 密植园　株行距采用 2 米 ×3 米或 1.5 米 ×4 米，每亩栽植 111 株，多采用主干形（或自由纺锤形）和开心形树型。

温棚栽培可采用 1 米 ×2 米的高密度栽培模式，每亩栽植 333 株左右（图 3-3）。

2. 间作园　冬枣树萌芽晚落叶早，生长期短且枝疏叶小遮阴少，根系分散密度低，与农作物争肥水的矛盾小，适于间作。为了既便于操作管理又能充分利用土地资源，间作宜采用大行距、小株距的栽植方式，一般行距 6 ～ 10 米、株距 2 ～ 3 米，每亩栽植 22 ～ 55 株。

图 3-3　温棚高密度栽培

（五）栽植方法

栽植时将苗木放于坑穴中央，栽植深度以略低于原苗木深度 3 ～ 5 厘米为宜。栽植时，先回填表土，后回填底土，填土后将苗木向上轻提，使根系充分舒展，然后分层踏实。栽后立即做畦灌水，做到苗正、行直、土实、水足，最后覆盖活土。

（六）栽后管理

1. 定干　一般开心形树型定干高度为 60 ～ 70 厘米，主干形树型定干高度为 20 ～ 30 厘米。定干后可采取涂蜡和地膜缠干等措施进行剪口保护（图 3-4 至图 3-6）。

图3-4 开心形树型定干前

图3-5 开心形树型定干后

图3-6 主干形树型定干后第二年生长状

2. 施肥灌水 及时施肥灌水，保证苗木生长对水分和养分的需求。在越夏前视天气情况灌3～4次透水，结合灌水每株每次施黄腐酸或腐殖酸类肥料150~200克。当新生枣头生长至 10 厘米左右时，结合灌水每株施三元复合肥 150~200 克。

3. 覆盖地膜　地膜覆盖可增温保湿，干旱缺水园地尤其重要。覆膜方式有穴状覆盖和带状覆盖两种，生产中常采用带状覆膜方式（图 3-7）。

图 3-7　主干形树型定干后覆地膜

4. 绑缚　当苗木长至 30 厘米以上时，为防风折，要进行绑缚（图 3-8）。

5. 病虫害防治　幼树生长期的主要虫害有绿盲蝽、枣瘿蚊、红蜘蛛、枣黏虫等，主要病害有枝腐病等，生产中应加强防治。

此外，还要做好中耕除草、松土保墒、抹芽除萌等常规管理工作。

图 3-8　绑　缚

　　温馨提示: 近年来,部分枣农设施冬枣采用 1 米 ×2 米的高密度栽培,但树型却采用开心形,每树 3 ~ 4 个主枝,少则 2 ~ 3 个主枝,进入挂果期后由于密度过大,拉枝后空间过小,甚至占用全部的操作行间。这样的后果:一是操作困难,投入成本过高。二是通风不良,导致后期棚室温度过高,昼夜温差过小,影响果实品质,甚至推迟成熟,直接影响经济效益(图 3-9)。

图 3-9　定干后留枝量过大

第四章　冬枣园土肥水管理技术

一、土壤管理

（一）园地深翻

深翻是松动土壤、增强土壤通透性的主要措施，通过翻耕可以改善土壤理化性状和根际微生物生活环境，增加土壤中微生物数量和活性，改变土壤团粒结构，加速土壤熟化，促进果树根系向纵深发展，使根系活动处于一个良好的环境中。当前一些冬枣园，偏施化肥，有机肥施用量不足，导致土壤有机质缺乏。所以，深翻应结合施用足量的有机质和作物秸秆，以改善土壤团粒结构，加厚活土层。

深翻一般在秋季枣果采收后至落叶前进行，这是因为此时深翻，伤根后容易愈合，对地上部的影响较小，尤其是结合深翻进行秋施基肥，更有利于翌年枣树的生长。有水浇条件的冬枣园全年均可进行深翻，无水浇条件的可以在7月份雨季深翻。深翻时应尽量少伤根，尤其要注意保护大根，同时要将底土和表土分开放置（回填时将表土填入底部，底土放在表面），并且要随翻随埋，防止长时间风吹日晒水分被抽干。深翻深度一般为 20～30 厘米，可以进行全园深翻，将栽植穴以外的土地一次深翻完毕。也可隔行深翻，即隔 1 行翻 1 行，第一次在下半行给以较浅土深翻，下一次在上半行深翻把土压在下半行上。密植枣园可随机隔行深翻，分 2 次完成，每次只伤一侧根系，这样对果树生育影响较小。扩穴也是深翻的一种方法，即从定植穴向外逐年开环状沟施肥，宽度一般为每年 50 厘米，直到全园翻透为止。

（二）中耕除草

中耕除草的主要目的是防止冬枣园内杂草丛生，影响树体生长。整个生长季可进行中耕 4～6 次，中耕深度 6～10 厘米，间作园可结合间套作物中耕同时进行。每次浇水或下雨后均要及时进行中耕。

（三）覆　盖

覆盖就是利用作物秸秆、杂草、地膜等将树下的土壤盖起来。枣园覆盖可以有效地减少土壤水分蒸发，防止地温剧变，抑制杂草生长，增加土壤有机质，提高土壤肥力，在干旱地区增产效果尤为明显。生产中常用的覆盖物有杂草、麦秸、玉米秸、稻草、地膜等，一年四季均可进行覆盖，其形式分为树盘覆盖、行内覆盖和全园覆盖。树盘覆盖只对树下土壤进行覆盖，一般只局限在距树干 1～3 米范围内。行内覆盖是指对整行树的树下土壤进行覆盖，行间清耕。全园覆盖则是不分行内和行间一律实行覆盖。用杂草或秸秆等覆盖材料对树下或行间乃至全园进行覆盖，覆盖厚度为 16～20 厘米，这些覆盖物腐烂后可直接翻入土壤，即实行夏覆春翻的方法。

地膜覆盖是近年设施冬枣栽培采取的一项重要措施。以早春枣树发芽前、根系刚刚开始活动时覆盖为宜，因枣树物候期不同，覆盖时间有所差异。幼龄树 2 月 20 日前后覆膜，新植树栽后即可覆膜，成龄树 3 月上中旬覆膜。覆膜前先整平树盘，施足基肥并浇足水。覆膜时膜要盖平，并压紧封严，以免吹破，影响覆膜效果。地膜厚度一般为 0.016～0.03 毫米。冬枣设施栽培，地膜覆盖要在棚膜覆盖前的 15 天进行。

（四）间 作

冬枣行间种植农作物，可以最大限度地利用土壤资源和光能，增加经济收入。生产中与冬枣间作的作物主要有豆类、薯类、花生或绿肥作物。冬枣园间作一般在幼树期，如果栽植密度较稀，行内和行间均可间作，但树体长大后或栽植密度较大时，只进行行间间作。

（五）枣园生草或种植绿肥

为了提高枣园有机质含量，减少化肥施用对枣园造成板结等危害，生产中常采用生草或种植绿肥的方法，以提高枣园土壤有机质含量。定植 2～5 年的幼龄枣园，行间可种植低秆饲草或绿肥，如三叶草、籽粒苋、毛苕子、苜蓿等。推广"枣园—种草—养殖—沼气"四位一体的绿色生态枣园，是今后冬枣产业的发展方向。

二、肥料管理

施肥是促使幼树旺盛生长和早期丰产的主要措施。冬枣从发芽开始的整个生长发育期，生育活动极为活跃，许多生育过程重叠进行，树体内有机营养物质的贮备和各个时期土壤营养元素的供应状况，直接会影响树体生长发育和开花结果。同时，冬枣安全生产对肥料选择和施肥方式、施肥时间又提出了严格要求。因此，科学施肥，为枣树提供充足而必要的养分，是保证枣树健壮生长、提高冬枣产量和品质的重要保证。

（一）基　肥

1. 基肥种类与施肥时期　基肥是供给冬枣树生长发育的基础肥料，以有机肥为主，常见的有人粪尿、各种圈肥、堆肥、饼肥和绿肥等，同时配比一定量的化肥和生物菌肥。基肥一般在秋季冬枣采收后（10～11月份）施入，越早越好。

2. 基肥用量　基肥施用量一般按照目标产量确定，每生产1 000千克冬枣需施优质有机肥2 000千克、尿素20～25千克、过磷酸钙50千克、硫酸钾15千克，折合纯氮22.5千克、五氧化二磷12千克、氧化钾12千克。

3. 基肥施用方法　冬枣根系一般集中分布于树冠外围较远处，基肥应施在距根系集中分布层稍深稍远处，以诱导根系向深广生长，形成强大根系，扩大吸收面积，提高根系吸收能力和树体营养水平。基肥施用方法不同，其肥效也不尽相同。

（1）穴施　在树冠外围均匀地挖3～5个长、宽、深均为40～50厘米的施肥穴，将有机肥与少量速效化肥混合物均匀施入，覆土后，稍压即可。

（2）撒施　在树冠下或全园地表撒施有机肥，然后进行树下或全园深翻。此项作业可结合修整树盘和深翻进行。

（3）条状沟施　在树冠外围挖 1 ~ 4 条宽 40 厘米、深 40 ~ 50 厘米的施肥沟，沟的长度视肥量而定。施肥沟挖好后，施入有机肥，同时施入少量的速效化肥，然后回填土壤，稍压即可。条状施肥，如果肥量不足，可当年先施树的一侧，翌年再施树的另一侧，2 年 1 个周期，交替施肥。

（4）环状沟施　在树冠外围稍靠内侧，挖 1 个宽 40 厘米、深 40 ~ 50 厘米的闭合形环状施肥沟，然后施入基肥。可结合修整树盘进行。

（5）辐射状沟施　在树冠下距树干 50 厘米左右的地方，以树干为中心，向外挖 3 ~ 5 个宽 40 厘米、深 40 ~ 50 厘米的辐射状沟，沟的长度视施肥量而定，将基肥施入。辐射状沟施是顺着枣树根系的伸展方向挖沟，这样可以减少或避免断伤大根，对枣树根系损伤较小。

（二）追　肥

追施是对基肥的补充，在冬枣生长季进行。追施肥料种类有尿素、黄腐酸钾、硝酸钾、硫酸钾等速效化肥，施肥量应根据基肥施用量、枣树生长状况及坐果量多少灵活掌握。

一般丰产枣园每年土壤追肥 3 ~ 4 次，第一次在萌芽前追施，以氮肥为主兼施磷肥；第二次在花前追施，同样是以氮肥为主兼施磷肥；第三次在幼果膨大期追施，以氮肥为主，兼施磷、钾肥；第四次在果实迅速生长期追施，以磷、钾肥为主，氮、磷、钾配合施用。每次追肥最好结合灌水进行，也可采用水肥一体化技术，结合滴灌或喷灌进行追肥。

（三）叶 面 肥

叶面施肥又称根外追肥，是将肥料溶液均匀喷洒到枣树叶片上的一种追肥方法。叶面施肥从萌芽展叶到果实采收后均可进行，以晴天上午10时前或下午4时后喷施为好。生产中可结合喷药进行，也可单独喷肥。叶面施肥要严格把握肥液浓度，防止发生肥害。叶面施肥吸收率高，能及时补充树体营养而且节省肥料。常用叶面肥种类和施用浓度如表4-1所示。

表4-1　常用叶面肥种类和喷施浓度

种　类	浓度（％）	喷洒时期	备　注
尿　素	0.3 ~ 0.5	生长季	
磷酸二氢钾	0.4	生长季	
硫酸亚铁	0.3	生长季	防治黄叶病
氯化钙	0.3	采果前期	减少裂果，提高耐贮性
硫酸锌	0.15	萌芽期	防小叶病
硼、镁等中微肥	0.3	花蕾期	提高坐果率

注：以上叶面肥均不能与碱性农药混用。

三、水分管理

（一）灌水时期

生产中具体灌水时期要根据天气状况、土壤含水量及枣树生长状态来确定。根据全国各地多年来的生产实践经验，有灌溉条件的地区，枣树在以下几个时期灌水较为适宜。

1. 芽前水 此期灌水称萌芽水，即在早春萌芽前结合施肥浇水。此时枣树的根系已开始活动，树液也开始流动，地上部也即将萌芽，是枣树需水的关键时期。萌芽水对于提高枣树萌芽的整齐度、促进早春树体各器官的迅速生长具有重要意义。

2. 花前水 此期灌水也称助花水，即在开花前结合追肥浇水。此期枣树的各个器官正在迅速生长，花芽分化仍在持续进行，同时正值春末夏初天气持续高温干旱时期，极易出现焦花现象，而造成大量落花落蕾，因此花前水对提高枣树坐果率具有重要意义。

3. 坐果水 也称花后水或保果水，即在枣树坐果后灌水。此期刚坐果不久，幼果对缺水十分敏感，同时气温又往往很高，因而是枣树需水的关键时期，此时灌水对减少落果、提高产量具有十分重要的意义。可采用滴灌或喷灌。

4. 促果水 即在枣果迅速生长发育期结合施肥浇水。此期如果缺水，会直接影响枣果的大小和产量。常采用小水浅灌方式。

5. 封冻水 也称过冬水，即在土壤封冻以前灌水。此水对增加冬季枣园的土壤含水量，保证枣树、特别是幼树的安全越冬具有重要作用。常采用全园大水漫灌方式。

（二）灌水方法

1. 沟灌法 在树行间或树冠外围，挖深30厘米、宽40

厘米的灌水沟，沟长根据枣树行长度确定。沟内灌水，水下渗后及时将沟填平。可结合施肥进行。

2. 贮水穴灌水　在树冠外围挖 4 ~ 8 个 50 厘米见方的贮水穴，穴内填满树枝、草把或秸秆并掺入部分土杂肥，灌水后用土填平并覆盖地膜，地膜中央开 1 个直径 5 ~ 6 厘米的小孔，之后再灌水时水从小孔流入。采用贮水穴灌水能利用填充物良好的持水性，长期稳定地向根系供应水分，不破坏土壤结构，有利根系生长，而且可节约用水，可与追肥结合进行。追肥时将化肥撒入穴内，浇水时随水渗入土壤内，效果很好。适用于水源缺乏的枣园。

3. 滴灌　利用水管把水送达树盘后，由滴头以滴水形式缓慢地滴入根系周围，以浸润的形式补充土壤水分。滴灌可节约用水，能与追肥结合进行，能均匀稳定地对根际土壤供水，保持土壤湿润和通气良好，利于根系生长和吸收水分。

4. 喷灌　喷灌分为固定式喷灌和移动式喷灌两种，是通过机械压力，经过管道与喷头将水喷洒在果园内。其优点是节水、省工，还可与喷药、叶面施肥相结合，对地面不平的枣园也适用。同时，还能调节小气候，提高枣园空气湿度，有利于坐果。

5. 渗灌　也称微灌，是在树盘内安装渗水装置，通过渗水装置达到灌溉的目的，灌溉效果优于滴灌和喷灌。

（三）节水保墒措施

在无灌溉条件的地区节水保墒尤其重要，目前节水保墒措施主要有以下几项。

1. 中耕松土保墒　此法是目前生产中最常用的保墒措施，1年需进行多次，工作繁重。

2. 枣园覆草　此法是提高土壤蓄水能力，减少水土流失和地表水分蒸发的有效措施，既能保水又能增加土壤有机质，提高土壤肥力。可选用麦秸、麦糠、杂草和粉碎的其他秸秆。

3. 枣园种植绿肥（饲草）　枣园行间种植绿肥或饲草，既能增加土壤有机质含量，又可为发展畜牧业提供充足饲料，还能改善枣园小气候，为冬枣生长提供良好的生态环境。

4. 地膜覆盖　春季灌催芽水后，采用带状或穴状覆膜方式进行地膜覆盖，不仅能增温保湿、消除杂草、减轻病虫危害，还有反光膜的作用，有利于提高果实品质。

5. 叶面喷施保水剂　春季枣树萌芽后至雨季前可喷施2次羧甲基纤维素等高脂膜，抑制叶片水分蒸发，减少土壤水分消耗。

6. 增施土壤保水剂　目前，应用的保水剂一般蓄存水量是自身重量的300倍，结合施肥每株成龄树施保水剂100克，土壤蓄水量可增加30升左右。

第五章　冬枣整形修剪技术

一、整形修剪的意义

科学合理的整形修剪，可以节约肥水、减少病虫害，提高冬枣果实品质，从而提高经济效益。

通过整形修剪，可以使冬枣树形成牢固的骨架和合理的树体结构，增大光照面积，提高光合作用。同时，还可平衡树势，调节树体营养物质的分配与运送，协调营养生长与生殖生长的关系。

案例一　李某，日光温室冬枣0.9亩，株行距为1米×2米，1个温室栽植苗木300株，栽后第三年挂果，每株挂果5千克，成熟期为6月下旬至7月中旬，价格从每千克110元到54元不等，平均售价每千克64元，全棚收入93 000元。第四年株产量达到7.5千克，但成熟期较上年推迟了15天，8月中旬采摘完毕，平均每千克售价24元，全棚年收入60 000元（图5-1）。

图 5-1 产量过大成熟期推迟

案例二 唐某，春暖棚冬枣 2.8 亩，第一年亩产量 2 000 千克左右，平均亩收入 18 000 元。第二年通过合理修剪，去掉近 1/3 的衰老枝，打开了空间，增加了光照，亩产量 1 400 千克左右，成熟期较上年提早了近 10 天，平均亩收入达 22 400 元，较上年收益提高 20%（图 5-2）。

图 5-2 合理修剪成熟期提前

案例分析 从以上2个案例可以看出，设施冬枣产量的高低和通风透光条件的好坏，直接影响果实的品质和成熟期，最终影响经济效益。要解决这个问题，就得根据冬枣树生长发育习性，进行科学的整形修剪，打开空间，增加光照，提高果实品质，提早成熟上市期。

二、与修剪有关的冬枣生长习性

①枣头单轴延伸的能力强。枣头是形成树体骨架的主要枝条。冬枣枣头生长能力极强，加粗生长也快，树体每年依靠枣头生长来扩大树冠，更新衰老枝条，保持树势。如果让其自然生长，则会导致树体过高，结果枝组太少。因此，在幼树整形修剪时要注意控制树体高度，促使分化强壮的二次枝，迅速增加枝叶量，以便获得早期产量（图5-3，图5-4）。

图5-3 枣头单轴延伸　　　　图5-4 树体过高，结果部位上移

②成花容易。枣树是当年花芽分化当年开花结果。冬枣每年都能形成大量花芽，所以整形修剪时不必考虑促进成花，也

不必考虑如何留花和留果，更没有必要辨认花芽和结果枝，只注意留足强壮的枣股即可（图 5-5，图 5-6）。

图 5-5　当年成蕾　　　　　图 5-6　1 年生枝开花状

　　③生长物候期重叠。冬枣的枝条生长、花芽分化、开花坐果、幼果发育等物候期在 6 月份前后严重重叠，加剧了营养需求的矛盾，管理不好会造成大量的落花落果。因此，生产中除了施肥调节外，还需进行修剪调节，夏季修剪对协调营养需求矛盾更为重要（图 5-7）。

图 5-7　物候期重叠状

④结果枝转化容易。枣股上的副芽萌发结果枝（枣吊），每个枣股可萌发 2～8 条枣吊，枣头基部和当年生二次枝的每一节也能抽生 1 条枣吊。由于其每年均要脱落，又称之脱落性果枝。结果基枝容易形成，结果枝组也容易培养，而且寿命较长，一般可达 10 年之久，因此枝组没有必要连年更新。

图5-8　隐芽刺激后萌发状

⑤隐芽寿命长。枣树的主芽可以潜伏多年不萌发，称为隐芽或休眠芽。隐芽寿命长，经过刺激容易萌发成健壮的枣头，因此衰老树体容易更新复壮（图5-8）。

⑥主芽有"一剪子堵，两剪子出"的习性。在修剪时如果想使某节位上的主芽萌发强壮新梢，可在其主芽稍上方短截，同时将该节位上的二次枝剪除（图5-9）。

图5-9　"一剪子堵，两剪子出"

三、冬枣树修剪时期与原则

（一）修剪时期

生产中按修剪时期的不同分为冬剪（休眠期修剪）和夏剪（生长季修剪）。冬剪主要指休眠期的修剪，夏剪主要指生长期的修剪。冬剪和夏剪对枣树的生长同样重要，但生产中多数枣农只注重休眠期修剪。实践证明，冬剪和夏剪配合进行，以夏剪为主，冬剪为辅，在夏剪的基础上进行合理的冬剪，效果良好。这样，可以调节树体内养分分配流向，促进花芽分化和坐果，避免冬季去大枝，减少修剪量，保持健壮树势，节约养分，提高产量和工作效率。

（二）修剪原则

修剪时掌握"因树修剪，随枝造型，有型不死，无型不乱"的原则。幼龄枣树以培养牢固的树体结构，使其尽早达到丰产树形为主，同时考虑开花坐果；初挂果枣树，培养树型和开花结果同时考虑；盛果期枣树，以调节生长和结果的关系为主，注意平衡树势，控制枣头过多萌发，保持树体良好的通风透光条件，使树体始终保持中庸偏上的状态，以延长结果年限；老龄树修剪，要注意适时更新复壮，恢复树势，提高结果能力，延长结果年限。

四、冬枣常用树型

冬枣常用树型有主干疏层形、自由纺锤形和开心形。设施冬枣由于生长空间的限制和产量与品质的要求，生产中常用自由纺锤形和开心形。

①主干疏层形。主干疏层形的层次排列紧凑，大枝多而不乱，内膛光照良好，能充分发挥树体的生产能力，产量较高。一般干高 40 ~ 50 厘米，树高 2.5 ~ 3 米，全树有主枝 6 ~ 8 个，主枝相互错开不重叠，主枝上不设侧枝，直接培养不同类型的结果枝组。该树型露地栽培和枣粮间作常用，设施冬枣由于受棚体空间的限制，仅少数枣农采用该树型（图 5–10）。

图 5–10　设施冬枣主干疏层形树型结果状

②主干形。干高 40 ~ 50 厘米，树高 2 米左右，全树有二次枝 15 个左右，呈螺旋状均匀排列在中心干上，不分层、不重叠，以近于水平状向外伸展。该树型成形快，早结果，丰产，适于高密植园，是近年来设施冬枣栽培采用的主要树型。但光照相对较弱，需精细管理，后期要注意及时更新枝组（图 5–11，图 5–12）。

图 5-11　多年生主干形树型

图 5-12　2 年生主干形树型

③开心形。该树型的特点是结构简单，树体矮小，容易成型，光照良好，产量上升快，便于管理。适合于一般栽培或密植枣园，是设施栽培的常用树型，有利于提早成熟。

开心形没有中央领导干，干高 60 ~ 70 厘米，主枝与树干呈现三叉和四叉状结构，幼树直立，随树龄增长逐渐开张，每个主枝着生 2 ~ 3 个侧枝，结果枝组依空间大小均匀分布在主、侧枝上（图 5-13，图 5-14）。

图 5-13　开心形树型

图 5-14　开心形树型结果状

五、修剪方法

（一）休眠期修剪

1. 疏枝 将枝条从基部去除。主要用于对过密枝、病虫枝、细弱枝、下垂枝、竞争枝、交叉枝、无用徒长枝等枝条的处理，使枝条分布均匀，通风透光良好，减少养分消耗（图 5-15）。

2. 回缩 剪去多年生枝的一部分，主要用于老树更新和结果枝组的复壮。回缩强度应根据树势和枝条的强弱确定，强树、强枝轻回缩，弱树弱枝重回缩（图 5-16）。

图 5-15　疏　枝　　　　　　图 5-16　回　缩

3. 短截 剪去 1 年生枝的一部分，主要用于幼树整形和结果枝组的培养。枣头一次枝极重短截和二次枝重短截（基部留 1 节）（图 5-17，图 5-18）。

4. 缓放 将部分枝条长放不剪，常用于利用现有枝条扩大树冠，并迅速从营养生长向结果转化（图 5-19）。

图 5-17 枣头重短截

图 5-18 二次枝重短截

图 5-19 缓放枝条

5. 拉枝 调整枝条的水平角度和着生方位角，使放任生长的枝条达到合理分布（图 5-20）。

45

图 5-20 拉 枝

6. 落头 对中央领导干从适当高度剪截，以控制树高，打开光路，限制极性生长，促进主、侧枝生长（图 5-21）。

图 5-21 落头后树体生长状

（二）生长季修剪

1. 抹芽 对各级骨干枝和枝组上的新枣头，如果不留作枣头或枝组均可从基部抹除，防止扰乱树型，减少营养消耗（图5-22）。

2. 疏枝 内膛过密时，凡位置不当、影响通风透光、无利用价值的枝条均从基部去除。

3. 短截 方法同冬季修剪。

4. 摘心 主要应用于

图5-22 抹 芽

幼树整形和密植丰产枣园，目的是控制营养生长，促进生殖生长。摘心是设施冬枣管理中的主要任务。摘心包括枣头摘心、二次枝摘心、枣吊摘心3种方式。枣头摘心主要是对2年生以上的二次枝上的枣股萌发后的枣头摘心；其次是对留作枝组和用于结果的枣头，根据其空间大小和枣头强弱进行不同程度的摘心，一般保留3～6个二次枝。枣头摘心后，二次枝达到6～7节时可摘边心。枣吊摘心留5～8片叶，木质化枣吊可适当长留（图5-23）。

5. 刻芽 骨干枝光秃带过长时，可在芽子上方0.6～1厘米处用刀或修枝剪刻一弧形伤痕，深达木质部，促发分枝。主要用于枝组的更新。

6. 拉枝　　主要用于幼树和密植丰产枣园。对直立枝、偏冠树采用拿枝软化和拉枝方法，调整枝条水平角和方位角（图5-24）。

图5-23　萌芽期摘心

图5-24　主干形树型拉枝

7. 除萌蘖　　对主干周围的萌蘖应及时剪除或挖除，以减少营养消耗（图5-25）。

图5-25　除　萌　蘖

六、不同龄期树的修剪

（一）幼树整形修剪

幼树整形修剪，以短截为主，运用摘心、拉枝、刻芽等多种方法促发新枣头，增加枝的数量和开张角度，培养良好的结果骨架。密植枣园多采用边结果边整形的修剪方法。

1. 定干　开心形树型栽植时定干高度一般为 50 ~ 70 厘米，主干形树型栽植时定干高度一般为 20 ~ 30 厘米（图 5-26 至图 5-28）。

图 5-26　开心形树型修剪前　　图 5-27　开心形树型定干后

图 5-28　主干形树型定干后

图 5-29　培养骨干枝

2. 培养骨干枝　按树型的结构要求，在主干适当部位采取重截、刻芽和选留自然萌生枣头的方法培养主枝，在主枝的适当部位用同样的方法培养侧枝（图 5-29）。

3. 培养结果枝组　根据空间大小，在主、侧枝的适当部位进行重截、刻芽和选留枣头，经过短截、摘心等方法控制长势，培养成结果枝组（图 5-30）。

图 5-30　培养结果枝组

4. 合理利用辅养枝　骨干枝以外的枣头，根据空间可暂作辅养枝保留利用。

（二）结果树修剪

冬枣结果期修剪的目的是更新结果枝组，平衡生长与结果的关系，抑上促下，使各级枝系主从分明，分布均匀，保持树冠通风透光的结构，并有计划地进行结果枝组的更新，使每个枝组均能保持较长的结果年限，达到高产稳产、连年丰产，延长盛果期年限。

1. 清除徒长枝　及时剪除树冠内的徒长枝。

2. 处理竞争枝　对主枝或骨干枝延长头上萌生的 2 个以上的发育枝，选留 1 个适宜的作延长头，其余从基部疏除。

3. 回缩延长枝　对下垂的侧枝延长头，选择适当部位在朝上生长的芽处剪截，以促进延长头向上生长。

4. 疏除过密枝和细弱枝　进入结果期后，结果枝组趋向平展，主、侧枝上的结果枝组很容易和下面的枝组重叠而造成拥挤，影响通风透光。因此，对过密的和向下生长、结果能力低的枝条要疏除或短截，对树冠内萌生的细弱发育枝要疏除。

此外，还要清除病虫枝、干枯枝和损伤枝，并注意调节改造骨干枝，以改良树冠结构。

（三）衰老树修剪

老弱树修剪的原理是充分利用潜伏芽。生产中可根据衰老程度采取不同强度回缩，促发新枣头，形成新树冠，以达到返老还童、树老枝不老、延长经济寿命的目的。

1. 疏截结果枝组　对衰老程度轻、结果枝组刚开始衰亡的枣树，全面回缩疏截衰老的枝组。对已经残缺而结果基枝很少的枝组，可从基部疏除或保留 2 ~ 3 个完好的结果枝，其余部分剪掉；较完整的枝组可缩减 1/3 ~ 1/2，以集中营养，促进萌发新枝。

2. 回缩骨干枝 对衰老程度较重、结果枝组大部分衰亡、骨干枝系枝梢部分开始干枯残缺的枣树，应将衰老残缺的枝组全部疏除，骨干枝系也要按主、侧层次回缩，回缩长度一般为原枝的 1/3，回缩部位的直径不超过 5 厘米。注意剪口下要留出朝上的结果母枝或朝上的隐芽。

3. 停甲养树 对衰老树要停止开甲，并配合更新修剪，促进营养生长，以尽快恢复树冠。

4. 调整新枝 从更新修剪第二年起，按照幼树整形修剪原则，冬剪与夏剪相结合，采取短截、摘心、撑、拉、别等方法调整和控制每个发育枝的长势和角度，培养骨干枝，配备结果枝组，使之尽快形成理想的新树冠，恢复产量。

第六章 提高冬枣坐果率的关键技术

一、冬枣坐果率低的原因

冬枣落花落果严重，坐果率低，是生产管理中的技术难题。其主要原因：一是内在原因。在冬枣树的年生长周期中，花芽分化、枝条生长、开花坐果及幼果发育几乎同时进行，造成了物候期严重重叠，各器官对养分竞争激烈；而且冬枣树的花芽是当年分化，当年形成，花芽量多，开花量大，使得营养消耗偏多，这些枣树本身的生物学特性，是造成坐果率低的首要原因。二是外在原因。枣树坐果率与枣园的立地条件和管理水平也有关系，冬枣作为鲜食品种，对枣园的肥水条件要求相对较高，枣园立地条件好，管理水平高，则坐果率高；反之，则坐果率低。同时，冬枣树坐果率与花期的气候条件也有密切关系，枣花授粉受精需要适宜的温度和湿度，适宜温度为24～26℃，适宜空气相对湿度为75%～85%；温度过高或过低，湿度过大或过小均不利于授粉受精。因此，冬枣花期如遇不良环境，如高温、干旱、多风、连阴雨等，则坐果率低。三是病虫害影响。近年来，冬枣花期常遭遇绿盲蝽和疮痂病等病虫危害，造成蕾黄蕾落，直接影响坐果率。

二、提高冬枣坐果率的主要措施

（一）培养强壮树势

强壮的树势是获得优质果品的基础，也是减少落花落果的基本条件。首先要加强肥水管理，秋施基肥要以"稳氮、控磷、补钾"为原则，多施有机肥（每亩 5 ~ 6 米³），配合施用中微量元素肥和菌肥（每亩 50 ~ 75 千克）；冬季进行 1 次大水漫灌。生育期尤其在萌芽期、花蕾分化期，对过弱树或上年环剥过重的树，应用氨基酸涂干或喷施海藻肥等叶面肥，及时补充养分，恢复树势。幼果期可根据坐果情况，每亩施硝酸钾 10 ~ 15 千克；果实第二次膨大期，每亩追施硫酸钾 25 千克。

（二）合理夏剪

1. 抹芽疏枝 疏除内膛过密、位置不当、没有利用价值的枣头和枣股上多余的枣吊，一般 1 个枣股留 2 ~ 3 个枣吊（图 6-1）。

2. 预留更新枝 对基部光秃的主枝可在基部背上方

图 6-1 抹除多余枣头

位选留 1 个枣头进行更新，对保留的更新枝掐头摘边心控制其生长。也可拿枝软化（扭枝），曲别于有空处（图 6-2）。

图 6-2 扭 枝

3. 摘心 对留作枝组和用于结果的枣头，根据空间大小和枣头强弱进行不同程度摘心，一般保留 3 ～ 5 个二次枝。枣头摘心后二次枝到 6 ～ 7 节时可摘边心，枣吊长 26 ～ 30 厘米时摘心，其坐果率比不摘心高 10 倍，而且叶大色绿、蕾壮花多、结果集中、幼果发育快（图 6-3）。

图 6-3 枣头摘心

4. 涂干与喷肥 对过弱

枣树，可刮除老树皮后用氨基酸涂干，同时叶面喷施海藻肥，补充营养，恢复树势。对上年环剥过重的树及时包扎甲口。

（三）环　剥

环剥也称开甲，即在树干或主枝上进行环状剥皮。其目的是切断韧皮部，阻止光合产物向根部运输，控制根系和地上部枝叶的生长，使养分在地上部积累，缓解生长和开花坐果争夺养分的矛盾，从而提高坐果率（图6-4）。

图6-4　环　剥

1. 环剥时间　冬枣树环剥时间一般在盛花期，即全树大部分结果枝（枣吊）开花1/2以上时，盛花期树体营养生长和生殖生长相对平衡，此期环剥能确保冬枣果实个大质优。但如果盛花期时气温较低，达不到坐果要求的温度，可把环剥时间推迟到温度升高至适宜时，以利于坐果及幼果生长。

幼树环剥时间不能过早，以全树2年生以上的结果母枝数达到 300 个以上时开始环剥为宜。幼树环剥过早，树体小，当年生枝多，多年生结果母枝少，不仅影响树体生长发育，而且产量低，果实质量也差。

生产中，枣树环剥环割前要进行三看：一是看天气。环剥前 3 天不能遇雨，而且天气预报 3 ～ 5 天内日平均温度达到 25 ～ 26℃，方可环剥环割。二是看树势。过旺树（叶色深绿，叶片平展不卷）宜在初花期环剥，中庸树、弱树宜在盛花期环剥。弱树和小树环剥 1 次环剥 2 道，两道间留 1 个二次枝，绝不可环剥 3 道、间距 3.3 厘米。三是看花龄。大多数枣吊花开 50% 以上，且花变黄、蜜较多时为最佳环剥时间。

2. 环剥部位　环剥（割）部位主干上不如主枝上效果好，粗枝上不如细枝上效果好，树的下半部不如在上半部效果好。高接换头环剥部位宜在主枝上。近年来，生产中提倡留辅养枝环剥，这是因为传统的环剥环割对树势削弱太大，导致果实黑斑病提前和大量发生，甚至造成死树；而留辅养枝环剥，不仅在环剥期内依然保持树体健壮、叶色浓绿，而且稳产性、果实质量和效益都得到提高，坐果率可提高 80% ～ 110%。主干环剥的留 1 个弱辅养枝进行环剥，主枝环剥的留 1 ～ 2 个小的二次枝进行环剥，培养新生枣头的更新主枝在新生枣头着生部位以外进行环剥，做到更新与结果两不误。

3. 环剥操作　环剥时，选平整光滑处，先用刀刮掉 1 圈宽约 1.5 厘米的老树皮，其深度以露出真正的韧皮部或露白为宜。然后用开甲器、环剥刀或其他工具在刮掉老树皮的地方上下环切两刀，两刀口间的距离（即环剥宽度）一般为干径的 1/10 左右。环剥宽度一般为 0.3 ～ 0.7 厘米，大树和壮树可稍宽些，幼树和弱树可稍窄些；树势中等的成龄树环剥宽度为 0.6 ~ 0.7 厘米，偏旺的树 0.7 ~ 0.8 厘米，幼树和偏弱的成龄树 0.3 ~ 0.4 厘米。生产中要掌握以剥口在 1 个月内愈合为宜。连年环剥致树势转弱，或老枣树更新后，则应停止环剥 1 ~ 3 年（图 6–5）。

图 6–5　环剥操作

4. 环剥操作应注意的问题　①环剥工具应得心应手，1 ~ 3 年生小树可用环剥器或环剥刀，结果大树用环剥剪。环剥工具应锋利，以免环剥口出现毛茬影响愈合。②环剥时，动作要快，最好一次完成，同时注意不要用手或工具触及环剥口部位的韧皮部，以保证环剥口及时愈合。

5. 环剥后甲口保护　①剥后 1 ~ 2 天不要用手触摸新开的甲口，更不能抹掉甲口上的树液。②剥后 2 天，待甲口晾干后，用 10% 联苯菊酯乳油 200 倍液，或 25% 灭幼脲悬浮剂 800 倍液喷涂甲口防治甲口虫；在剥口下 5 ~ 10 厘米处涂抹粘虫胶防止蚂蚁上树。③甲口维持 30 天左右时，若愈合速度较慢，可用赤霉素药液与细土混合后封口，并用塑料膜包扎，促其愈合（图 6-6）。④从环剥开甲到甲口愈合需要 30～35 天，时间过短会引起落果，若剥后 1 周内愈合，则应在剥口内留保险带进行二次造伤；甲口愈合期超过 45 天，则当年难以愈合（图 6-7）。

图 6-6　用塑料膜包扎　　　　图 6-7　环剥口愈合状

（四）施用坐果剂

一般旺树先环剥后喷施坐果剂，幼树、弱树先喷施坐果剂后环剥。

1. 赤霉素　是刺激枣花坐果作用较强的植物生长调节剂，它既能促进花粉萌发，还能刺激未授粉枣花单性结实。赤霉素以枣吊开花 10～12 朵时施用为宜，一般喷施 1～2 次，浓度以 10～15 毫克/升为宜。生产中施用赤霉素次数越多，开始坐果越多，但是幼果期脱落较多，畸形果也较多（图 6-8）。

图 6-8　赤霉素用量过大果实畸形

2. 硼肥　硼被誉为"生殖元素"，在冬枣花期喷洒 0.3% ~ 0.5% 硼肥液，可促进花粉管萌发，提高坐果率，土壤缺硼时效果更明显。

3. 天然芸薹素　此药可调节植物体内各内源激素平衡，具有保花保果、促果膨大、增加果面光洁度等多重功效。可在环剥后 7 天、幼果有绿豆粒大小时，喷施 0.01% 芸薹素内酯乳剂 3 000 倍液。

（五）枣园放蜂

冬枣可自花授粉，但异花授粉较自花授粉坐果率高。同时，枣花具有典型的虫媒花特点，是很好的蜜源，如果花期放蜂，增加传粉媒介，可显著提高坐果率。生产中一般每亩枣园放 1 箱蜂，蜂箱与树的距离不宜超过 300 米。放蜂枣园花期严禁喷施农药，以确保蜜蜂安全。

（六）花期喷水

冬枣花粉萌发需要较高的空气湿度，适宜的空气相对湿度为 76% ~ 85%。如果盛花期遇到干旱，容易发生焦花现象，严重影响坐果，因此干旱天气对枣树喷水可提高坐果率。

喷水一般在 40% ~ 50% 枣花开放的盛花期进行，每天傍晚喷 1 次，连喷 2 ~ 3 天。这是因为傍晚喷水后树冠高湿状态可保持较长时间，且当天开放的花已从花丝外展期转入柱头萎缩期（冬枣为夜开型花），花粉已散落，不会冲洗掉花粉。

（七）花期喷肥

枣树盛花初期（30% 的花开放），叶面喷施 0.2% ~ 0.3% 尿素 +1% 磷酸二氢钾混合液，及时补充树体急需养分，可减少落花落果。同时，喷洒稀土或中微量元素（如镁、锌等），可使坐果率提高 30% 以上。在花后喷施 40 ~ 100 毫克 / 升萘乙酸溶液，可减少落果 25% 以上。

花期一般进行 3 次喷肥，每次间隔 6 ~ 7 天。喷肥应避开高温天气。如果能同时喷洒芸薹素内酯等植物生长调节剂，则效果更佳。

（八）预防病虫害

花期应重点防治绿盲蝽，兼防枣瘿蚊、嫩枝焦枯病、疮痂病等病虫害。

冬枣蕾期和花期对农药比较敏感，生产中应选用高效低毒、不伤害花蕾的生物农药或植物源农药，如苦参碱、藜芦碱、阿维菌素、除虫脲、灭幼脲、甲氨基阿维菌素苯甲酸盐等，可选用水分散粒剂、水乳剂、微乳剂等剂型，尽量不喷施有机磷等乳油类药剂和尿素、沼液、氨基酸等肥料，以免造成焦花，影响坐果。

（九）疏花疏果

疏花疏果是对花果量过多的树，尤其是密植枣园，通过人工调控花果数量，使枣树载果量适宜、布局合理的一项技术措施，对促进树壮、减少落花落果、提高枣果质量具有显著的作用，尤其对解决冬枣果实大小不整齐问题效果更明显。冬枣设施栽培，为了提早成熟和提高果实品质，对疏花疏果技术要求更为严格。

疏花疏果一般分 2 次进行。第一次于幼果第一次膨大后，即环剥后 15 ~ 20 天进行，强壮树每个枣吊留 2 个幼果，弱树每个枣吊留 1 个幼果，其余花果全部疏除。第二次于第一次疏果后 10 天左右进行，主要是定果，强壮树平均每个枣吊留 1 个果；中庸树 3 个枣吊留 2 个果；弱树 2 个枣吊留 1 个果。留果时尽量选留顶花果，枣头枝上的木质化枣吊养分足、坐果能力强可多留果。疏花疏果方法是用小剪刀将疏除果实剪除（图 6-9 至图 6-12）。

图 6-9 幼果期坐果量过大

图 6-10　坐果量过大造成畸形果

图 6-11　坐果量过大造成贪青晚熟

图 6-12　疏果后果实成熟状

　　温馨提示： 冬枣树每年进行环剥，对树体损耗过大，由于花前树体对养分需求大、消耗多，生产中常出现树体发黄或花蕾不饱满现象。因此，花前应根据树体生长状况，适量增施促进树体强壮的功能性肥料，每亩可施黄腐酸、腐殖酸类肥料

63

10 ～ 20千克，以强壮树势，为环剥打好基础（图6-13，图6-14）。

图6-13 环剥过重导致树体发黄　　图6-14 发黄树施肥后变绿

第七章 冬枣提质增效设施栽培技术

一、冬枣设施栽培模式

冬枣设施栽培可分为避雨栽培、春暖棚栽培和温室栽培3种模式。

（一）避雨栽培模式

冬枣避雨栽培是在露地栽培的基础上，以防雨为目的在枣园内搭建设施棚的一种栽培模式。冬枣生育前期以露地栽培为主，萌芽后至成熟期，枣园整体搭建棚体，上方加盖塑料膜。避雨栽培是设施栽培中最简单和实用的一种模式，也是春暖棚栽培棚体的雏形（图7-1）。

避雨栽培的棚体结构有单行式、多行式和连体

图7-1 避雨栽培模式

65

式 3 种。生产中多采用多行式和连体式，一般根据地块大小和搭建材料进行设计和搭建。

1. 多行式竹木结构防雨棚 棚体造价低，经济实用，是生产中常见的一种防雨棚。可根据地块大小搭建，一般 3 ~ 5 行搭建 1 个棚，棚体跨度 10 ~ 12 米，棚体高度 2.3 ~ 2.5 米，边高 1.6 ~ 2 米，棚体长度不限。

2. 连体式防雨棚 该棚体由若干个单体棚连在一起，这些单体棚内部相通，空间较大，耕作方便。陕北枣区搭建的连体式防雨棚，棚体多为钢架结构，造价较高，但防雨效果好，还可用作冷棚进行促成栽培。

3. 棚架式防雨棚 在行内或行间每隔 8 ~ 10 米栽 1 个水泥立柱，用塑钢材料或长竹竿搭成棚架，雨季在棚架上覆盖塑料薄膜进行防雨。近年来用镀锌钢管做成的棚架，棚体高 3 米，跨度 13 米。棚内树高 2 ~ 2.5 米，株距 2 米，行距 3 米，每棚栽植 6 行枣树。

（二）春暖棚栽培模式

春暖棚冬枣栽培一般比露地栽培提早成熟 20 ~ 30 天，其商品率和经济效益均高于露地。

1. 春暖棚棚体构造 该棚体主要由立柱、拉杆、拱杆、压杆、塑料膜、压膜线、地锚等构成。棚体跨度 10 ~ 12 米，长度 50 ~ 100 米，脊高 2.6 ~ 3.5 米（脊高 = 跨度 × 0.26 - 0.3），边高 1.1 ~ 2 米，坡度 16°~ 18°（图 7-2，图 7-3）。

（1）立柱 可以用竹竿、杂木、预制水泥柱或钢管制作，竹竿、杂木的直径 5 ~ 6 厘米，需要埋入土中 36 ~ 40 厘米，

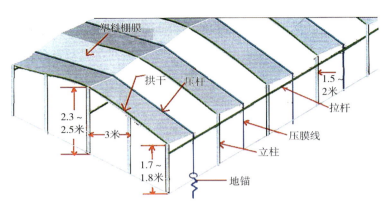

图 7-2 春暖棚结构示意图

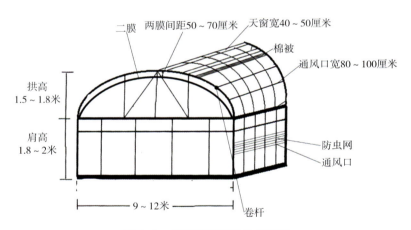

图 7-3 钢架春暖棚结构示意图

立柱高度取决于它横向所在位置,横向设多少立柱依大棚
宽度而定,一般为 6 ~ 8 根、左右对称,以大棚的脊为中
心轴线,在两边由高到低配置,横向和纵向立柱间距多为
2 ~ 2.5 米。

（2）拉杆　　起到连接纵向立柱、使之成为一个整体的作用。可用直径 4 ～ 5 厘米的竹竿做拉杆，也可用较细的杂木或钢丝做拉杆，在距离棚面 10 ～ 20 厘米处与立柱绑缚固定。

（3）拱杆　　起固定棚膜的作用，同时将立柱在横向上连为一体。拱杆从大棚最高位置向两侧对称呈弧形延伸至棚体边缘，可用直径 3 厘米的竹竿做成，也可用不同规格的钢管代替。

（4）压杆　　可用竹木或不同规格钢管，在棚膜上方与横杆上线错开使棚膜呈波浪形固定在棚顶，起到固定棚膜的作用。

（5）棚膜　　起防雨和增温保温作用。覆盖于拱杆上方，用压杆压实。

（6）压膜线　　将压杆和地锚连接成一体，主要用于固定棚膜。

（7）地锚　　主要用于压杆和拱杆的固定，是加固棚体不可缺少的部分。

2. 常用春暖棚

（1）竹木结构　　以竹子和木柱为主要材料的竹木结构棚体，成本低，但使用年限较短（图 7-4）。

图 7-4　竹木结构大棚

（2）**混合结构** 水泥柱作立柱的混合结构，成本略高于竹木结构，较结实耐用（图7-5）。

图7-5 混合结构大棚

（3）**钢架结构** 采用全钢架搭建而成的大棚，成本稍高。其优势：棚体更加牢固，抗风灾能力强；棚内空间大，通风效果好；棚膜2～3年换1次，节省投资成本；可增加自动卷膜或通风设备，节省人工；较普通春暖式棚体可提早成熟7～10天。可以在棚内加盖二层膜和自动通风系统、水肥一体化系统、植物补光灯、自动喷淋系统等智能化设备，符合现代农业发展的需要，是生产中主推的棚体结构。

①**钢架单膜棚体构造** 其基本构造与春暖棚一样，区别在于整个棚体采用全钢架结构，脊高3～3.5米，生产中可根据具体情况建成单棚或连体棚（图7-6）。

69

图 7-6　钢架单膜棚

②钢架双膜棚构造　在钢架单膜的基础上，棚内增设二膜

图 7-7　钢架双膜棚内景

（距顶膜 50 ~ 70 厘米），增加了保温性能，冬枣成熟期较单膜提前 7 ~ 10 天。钢架双膜棚是近年来新发展的一种棚体结构，可用于智能棚体建造，适合大面积发展使用（图 7-7 至图 7-9）。

图 7-8　钢架双膜棚外景

图 7-9　钢架双膜棚冬枣结果状

（三）温室栽培模式

温室冬枣栽培是近年来在春暖棚栽培的基础上发展起来的设施冬枣高效栽培模式，一般分为日光温室棚体和钢架棉被棚体，钢架棉被棚冬枣成熟时间较春暖棚提早 20 天左右，日光温室冬枣成熟时间较春暖棚提早 40 天左右。

1. 日光温室棚体构造 在陕西省关中东部地区，一般以"95352"式日光温室为主，即温室跨度 9 米、脊高 5 米、墙厚 3 米（墙为梯形）、入地深 0.5 米、方位面南偏西 2°。温室长度一般为 80 ~ 100 米，占地面积为 720 ~ 900 米^2。土墙高 3.3 米、顶宽 1 米。棚面覆盖塑料膜和保温被，塑料膜采用厚度为 0.12 毫米的聚乙烯—醋酸乙烯（EVA）多功能复合膜，保温被采用长 9.5 米、宽 2.8 米、每平方米重量不低于 1.9 千克、内部有 1.5 毫米厚 EPE 保温片的优质保温被。温室入口一侧设置 1 个 3 米 × 1.5 米的蓄水池，温室前面留有 8 米宽的阳光带（图 7-10 至图 7-12）。

图 7-10 日光温室基本结构

图 7-11　日光温室上通风口　　　　图 7-12　日光温室内景

2. 钢架棉被棚棚体构造　钢架棉被棚是在传统土墙日光温室的基础上，结合钢架棚的优势而创新的一种设施冬枣栽培模式。整个棚体采用全钢架结构，棚内增设二膜（距顶膜 50～70 厘米），棚外增设棉被进行保温，提高了棚体的牢固性和保温性，冬枣成熟期较单膜日光温室提前，经济效益更高（图 7-13，图 7-14）。

图 7-13　钢架棉被棚外景　　　　图 7-14　钢架棉被棚内景

二、冬枣设施栽培管理技术

设施冬枣栽培管理技术与露地冬枣的区别在于调控棚室温

度和湿度，给冬枣生长发育创造良好的生态条件。

（一）扣棚升温技术

以北方冬枣产区为例，介绍设施冬枣扣棚升温技术要点。

1. 温棚　包括日光温室栽培和钢架棉被双膜大棚栽培。

（1）扣棚升温时间　日光温室 12 月中旬至翌年 1 月上旬扣棚升温，钢架棉被棚较日光温室扣棚时间推迟 10 天左右。扣棚后的1 周，可采用昼盖夜揭和通风的方法使棚温控制在 7.2℃以下，对冬枣进行强迫休眠。12 月下旬开始进行升温管理，并全棚地面覆盖地膜，使地温与气温同步上升。当棚内 10 厘米地温达到 10℃以上时，白天揭开棉被（或草苫），夜间覆盖棉被（或草苫）保温。

（2）生产中需注意问题　遇到大雪，要提前将棉被卷起来，或采取防雪措施，以防大雪压棚造成不必要的损失（图 7-15）；前期升温不能太快，从开始升温到发芽期至少要有 40 天以上的时间。前期温度过高会造成枣吊营养生长过强，影响花蕾发生，从而影响坐果。严重时不成花，这就是生产中常见的空吊现象（图 7-16），也是近年来冬枣温棚栽培坐果难的主要原因。

图 7-15 雪前将棉被卷起

图 7-16　前期温度过高
形成的空吊现象

2. 春暖棚

（1）扣棚升温时间　当地最低气温稳定在 –3℃以上时扣棚，北方地区一般在 2 月上中旬扣棚。

（2）生产中需注意问题　扣棚时间要适宜，不可过早。提早升温的风险：一是早春大风及雨雪易造成棚体坍塌，严重时会对树体造成损伤（图 7–17）。二是由于春暖棚保温性能较差，早春发芽后遇到低温易造成低温冻害（图 7–18）。三是前期温度高会影响花蕾分化，花期落花现象严重，坐果率降低（图 7–19）。

图 7–17　大雪造成棚体坍塌

图 7–18　萌芽期遇低温引起冻害

图 7–19　温度过高花蕾分化不良

（二）温湿度调控技术

棚室温湿度主要依靠调节通风口大小及棚室内浇水、喷雾和棚面覆盖棉被（或草苫）等技术措施来调控。

1. 对温湿度的要求 设施冬枣不同物候期温湿度调控如表 7-1 所示。

表 7-1 设施冬枣不同物候期温湿度调控

物候期	温度控制（℃）		空气相对湿度
	白　天	夜　间	
扣棚后 1 周	15 ~ 25	5 ~ 7	50% ~ 60%
催芽期	20 ~ 25	10 ~ 13	50% ~ 60%
抽枝展叶期	22 ~ 28	10 ~ 15	50% ~ 60%
花蕾形成期至初花期	25 ~ 30	12 ~ 16	70% ~ 80%
盛花期	27 ~ 32	12 ~ 16	80% ~ 90%
果实发育期	26 ~ 32	15 ~ 20	60%
果实成熟期	随外界自然温度		

2. 棚室通风技术要点

（1）花期前 以顶部通风为主，当棚室温度高于 30℃时同时通腰风和底风（图 7-20，图 7-21）。

图 7-20 通顶风

图 7-21 通腰风

（2）花期　通风要早且及时，棚室温度过高时不能急于一次性将通风口打开，要先通小风，使温度逐渐降低，以免温差过大造成树体受伤。

花期遇阴雨且棚室闷热时，应加大通风量，以免引起霉花或霉果（图7-22，图7-23）；遇到高温干旱，最好通过滴灌或喷灌及时补充水分，以保证坐果对温度和湿度的要求。

图7-22　高温高湿引起霉花

图7-23　高温高湿引起霉果

图7-24　果面发黄无光泽

（3）果实成熟前　要注意及时通风，特别是北方地区春暖棚栽培，如果通风口小，棚内树体枝量又过大，则会造成果面发黄、无光泽，降低品质（图7-24）。

（4）果实采后管理　冬枣果实采收后昼夜通风10天左右揭膜（图7-25）。揭膜后加强树体管理：一是每亩施尿素 30 千克、腐殖酸 20~30 千克，施肥后及时灌水，以恢复树势。二是及时抹芽摘心，以防树体徒长。三是及时防治早期落叶病、后期枣锈病及红蜘蛛、枣黏虫等病虫害。

图 7-25　采收后揭膜

第八章　冬枣病虫害防治技术

一、主要虫害及防治

（一）枣瘿蚊

1. 生活习性　以老熟幼虫在土壤中作茧越冬，翌年春枣树萌芽后成虫羽化，产卵于刚萌发的枣芽上，展叶期为危害盛期。设施冬枣全生育期均可受危害，但对产量影响不大（图8-1，图8-2）。

图8-1　枣瘿蚊幼虫

图8-2　枣瘿蚊成虫

2. 危害症状　幼虫吸食嫩叶表面汁液，使受害叶沿着叶缘向叶面反卷呈筒状，色泽紫红，质硬而脆，不久变黑，枯萎脱落（图 8-3）。

图 8-3　枣瘿蚊早期危害状

3. 防治方法　①在越冬成虫羽化前或老熟幼虫入土时，翻挖树盘消灭越冬蛹。②棚室内悬挂粘虫板（图 8-4）。③药

图 8-4　粘 虫 板

剂防治。4月下旬至5月上旬，喷洒15%蓖麻油酸烟碱乳油1 000倍液，每10天左右喷1次，连喷3次。

（二）枣尺蠖

1. 生活习性 幼虫孵化后啃食枣叶、嫩芽、枣吊和枣花，并吐丝缀缠，幼虫具假死性。老熟幼虫在一株树的叶片吃光后，吐丝坠地转移。

2. 危害症状 啃食叶片，阻碍叶片伸展，严重时可将枣树全株叶片吃光，造成严重减产甚至绝收（图8-5）。

图8-5 枣尺蠖及危害状

3. 防治方法 ①初冬或早春在树干周围1米处，挖深10厘米范围内的土层，捕捉越冬蛹。②萌芽前15天左右将树干中下部老粗皮刮去，绑宽20厘米的塑料薄膜或报纸，防止雌蛾上树产卵，每天早、晚逐株捉蛾。③幼虫发生期，利用其假死性，以杆击枝，幼虫落地后杀灭。④保护益鸟（麻雀、灰喜鹊）、益虫，利用天敌（鸡、寄生蝇、肿跗姬蜂）除虫。⑤选用100亿个活芽孢/克苏云金杆菌可湿性粉剂300克兑水50

升＋ 25% 灭幼脲悬浮剂 800 倍液喷施防治。

（三）红 蜘 蛛

1. 生活习性　多以成螨、若螨群集危害冬枣叶片、花蕾、

花和果实，还影响花芽分化，缩短花期。受害后，叶片呈黄褐色，进而枯落，坐果率低。天气干旱时危害成灾，阴雨天对其繁殖不利，9 ~ 10 月份转移到枝干上越冬（图 8-6）。

图 8-6　红 蜘 蛛

2. 危害症状　叶片被害后出现淡黄色斑点，有一层丝网粘满尘土，叶片渐变焦枯，导致落花、落果、落叶，严重影响冬枣质量和产量（图 8-7）。

图 8-7　红蜘蛛危害状

3. 防治方法 ①结合冬季管理，清除杂草和枯枝落叶，刮除老树皮，集中烧毁，消灭越冬成螨。②保护利用天敌，如食螨瓢虫、六点蓟马、草蛉、捕食螨等。③药剂防治。选用1.8%阿维菌素乳油2 000倍液，或2%烟碱水剂800～1000倍液，或1%苦参碱可溶性粉剂2 000倍喷施。

（四）二斑叶螨

图8-8　二斑叶螨

1. 生活习性　该虫喜群集叶背主脉附近并吐丝结网于叶下危害，大发生或营养不足时常千余头虫群集于叶端形成虫团（图8-8）。

2. 危害症状　主要危害叶片。被害叶初期仅在叶脉附近出现失绿斑点，逐渐扩大后叶片大面积失绿呈褐色。螨口密度大时，被害叶片布满丝网并提前脱落，还可造成花蕾脱落，导致枣园严重减产（图8-9）。

图8-9　二斑叶螨危害状

该虫近年来对设施冬枣造成严重危害，其原因：一是初孵幼螨体小，而第一次危害在萌芽前后，此时幼虫的体色与叶芽颜色接近，不易被发现。二是用药不当其抗药性增强，并加速了繁殖，导致防治困难。三是用药时期不对导致危害加重。

3. 防治办法　①农业防治。早春越冬螨出蛰前，刮除树干上的翘皮、老皮，清除枯枝落叶和杂草，集中深埋或烧毁，消灭越冬雌成螨；春季及时中耕除草，尤其要清除阔叶类杂草小旋花等，并及时剪除树根上的萌蘖，消灭其上的二斑叶螨。②保护和利用自然天敌，或释放捕食螨。③药剂防治。萌芽期喷施43%联苯肼酯悬浮剂2 000倍液，防治树上活动的越冬成螨；间隔7～10天，喷施20%双甲脒乳油1 200倍液，防治卵及若虫，这两次施药要做到树上树下全喷。同时，注意抓住害螨从树冠内膛向外围扩散的初期，即设施冬枣初花期进行防治。

（五）绿 盲 蝽

1. 生活习性　该虫以卵在枝干皮缝、杂草或浅层土中越冬。当日平均温度达10℃以上、空气相对湿度达70%左右时开始孵化，枣树发芽即上树危害，清晨和傍晚活动取食最盛（图8-10）。

图8-10　绿盲蝽成虫

2. 危害症状 发芽期受害，幼芽迟迟不长，甚至枯落，造成全树发芽迟缓和发芽不齐。花蕾受害即停止发育而枯落，枣果受害后易发生缩果病。枣果成熟期遇雨，成虫上树危害枣果，则造成缩果病蔓延成灾（图8-11至图8-13）。

图8-11 被绿盲蝽危害的枣吊

图8-12 被绿盲蝽危害的叶片

图8-13 被绿盲蝽危害的枣花

3. 防治办法 ①入冬前，铲除杂草，清除田间残枝，深翻树盘，消灭越冬虫卵。②树干涂或缠粘虫胶带（图8-14）。

图8-14 粘虫胶带

③萌芽前后用 10% 联苯菊酯乳油 2 000 倍液＋ 20% 吡虫啉可湿性粉剂或 5% 藜芦碱水剂 1 000 倍液喷施。

（六）甲口虫

1. 生活习性　幼虫在甲口附近越冬，枣树萌芽后开始活动，危害枣树甲口和嫁接部位（图 8-15）。该虫无转株危害的习性，也无群居性，但虫口密度较大，在食物缺少时有相互残食现象。

图 8-15　甲口虫

2. 危害症状　幼虫主要啃食愈伤组织，轻者使甲口愈合不良，削弱树势；重者使甲口不能愈合，导致整株死亡（图 8-16）。

3. 防治方法　①人工刮除被开甲的老树皮、虫粪及主干上的老翘皮集中烧毁，并用 25% 灭幼脲悬浮剂 400 倍液对甲口及树干细致喷洒 1 遍。②涂抹防虫药剂。开甲后 1 周，用毛刷、板笔等对甲口涂药保护，

图 8-16　甲口虫危害状

药剂可选用 10% 联苯菊酯乳油 2 000 倍液，或 25% 灭幼脲悬浮剂 800 倍液，以涂湿甲口为度，每隔 7 天涂药 1 次，直至甲口全部愈合。愈合后仍要在树体喷药时喷洒甲口。③甲口晾

至 16 ~ 20 天后，用泥将甲口抹平。

（七）枣叶壁虱

1. 生活习性　虫体很小，肉眼不易察觉，需借助放大镜才能看到。

2. 危害症状　以成虫和若虫危害叶、花和幼果。叶片受害初期没有明显症状，后期基部沿叶脉部分先呈灰白色发亮，后扩展至全叶，叶片加厚变脆，并沿主脉向叶面卷曲合拢，后期叶缘焦枯，容易脱落（图 8-17）。蕾、花受害后，逐渐变为褐色，并干枯脱落。果实受害后出现褐色锈斑，甚至引起落果（图 8-18）。

图 8-17　枣叶壁虱危害叶片状　　　图 8-18　枣叶壁虱危害果实状

3. 防治方法　参考红蜘蛛防治方法。

（八）枣 黏 虫

1. 生活习性　以蛹在枝干皮缝中越冬，展叶期开始危害，干旱年份危害严重。

2. 危害症状　以幼虫危害叶、花和果实。危害叶片时，常吐丝将枣吊和叶片缀在一起缠卷成团或小包，藏身于其中把叶片吃成缺刻和孔洞。危害花时，咬断花柄，食害花蕾，使花变黑、枯萎。危害果实时，将幼果啃食成坑坑洼洼状，被害果实发红脱落或与枝叶黏在一起不脱落（图8-19）。

图 8-19　枣黏虫危害果实状

3. 防治方法　①冬季刮树皮，消灭越冬蛹。②采用黑光灯诱杀成虫。③秋季树干束草诱杀越冬害虫。越冬前于树干或大枝基部束 33 厘米宽的草帘，诱集幼虫在其上化蛹，集中销毁。④生物防治。在枣黏虫第二、第三代卵期，每株释放松毛虫赤眼蜂 3 000 ~ 5 000 头，寄生率 85% 左右。用每克 100 亿个活孢子杀螟杆菌可湿性粉剂 100 ~ 200 倍液喷施，对幼虫防治效果达 70% ~ 90%。也可用性诱剂诱捕法或迷向法进行防治。

此外，危害冬枣的害虫还有桃小食心虫、黄刺蛾、介壳虫等，近年来发生几率较小，这里不再介绍。

二、主要病害及防治

（一）枣锈病

1. 发生规律　属真菌病害，雨水多、湿度大时易发病。

2. 危害症状　主要危害叶片，严重时果面也出现病斑

和孢子堆。叶片发病初期，在叶背散生淡绿色小点，后渐变成淡灰褐色，最后为黄褐色。受害严重时，全树叶片在 8 ～ 9 月份即落尽，果实不能正常成熟，品质低劣，产量锐减，树势衰退（图 8-20）

图 8-20　枣锈病危害叶片状

3. 防治方法　①加强栽培管理。栽植不宜过密，稠密枝条要适当修剪，以利于通风透光，增强树势。雨季及时排除积水，降低枣园湿度。晚秋清扫树下落叶，集中烧毁或深翻掩埋于土中，以减少越冬菌源。枣树行间不宜种植高秆作物。②药剂防治。在 7 月上中旬和 8 月上旬各喷洒 1 次 1：2：200 波尔多液，或 70% 戊唑醇可湿性粉剂 2 000 倍液，可有效地控制病害发生。

（二）枝腐病

1. 发生规律　属真菌病害，树势弱、土壤环境差易发病。

2. 危害症状　在树干或枝条基部形成暗褐色至黑褐色病

斑，病斑不断扩大后失水凹陷，病皮翘起，枝干树皮粗糙，深达木质部。小树常造成干枯死亡，大树树势衰弱，甚至死亡（图 8-21）。

图 8-21 枝腐病危害状

3. 防治方法 ①加强栽培管理，增强树势，提高抗病能力。②及时剪除病枯枝，减少菌源。③发病期，用刀尖在病部划道，每道间距 5 毫米左右，然后用 1.8% 辛菌胺醋酸盐水剂 50 倍液＋氨基酸 50 倍液涂抹。

（三）炭 疽 病

1. 发生规律 幼果第一次膨大期，雨水多、湿度大时开始发病，发病轻重与气候和树势强弱有关，一般树势强发病轻，环剥过重树势弱发病重。

2. 危害症状 主要侵害果实，也可侵害枣吊、枣叶、枣头及枣股。果实受害，最初在果肩或果腰出现淡黄色水渍状斑点，扩大后呈不规则形黄褐色斑块，中间产生圆形凹陷斑（图 8-22，图 8-23）。叶片受害呈黄绿色并提早脱落，有的呈黑褐色焦枯状悬挂在枝头。

3. 防治方法 ①清除落地的枣吊、枣叶、僵果，摘除树上老枣吊，结合修剪剪除病枝和枯枝，集中烧毁。②加强肥水

图 8-22　炭疽病危害初期

图 8-23　炭疽病危害后期

管理，增强树势。秋季可追施有机肥，花期和幼果期及时追施磷、钾肥，以增强抗病能力。③药剂防治。7 月下旬喷 50% 多菌灵可湿性粉剂 800 倍液，或 70% 甲基硫菌灵可湿性粉剂 800 ～ 1 000 倍液，每 15 天喷 1 次，连喷 2 ～ 3 次。

（四）褐 斑 病

1. 发生规律　果实膨大后期，即枣果生长 60 天至近成熟期开始发病。阴雨天气多的年份病害发生早且重，连续阴雨病害会暴发成灾。

2. 危害症状　主要危害果实，引起果实腐烂和提早脱落。一般在果实着色前发病最重，受害果面出现褐色斑点，逐渐扩展为椭圆形病斑，果肉呈软腐状，严重时全果软腐。

3. 防治方法　①清除落地僵果，结合修剪去除枯枝、病枝并烧毁。②加强栽培管理，增施有机肥，以提高树体的抗病能力。③喷药保护。花前喷施 20% 噻菌铜悬浮剂 500 倍液预防。从枣果膨大开始，每隔10 ~ 15天喷1次药，连喷2 ~ 3次，药剂可选用50%甲基硫菌灵可湿性粉剂800倍液，或25%戊唑醇可湿性粉剂2 000倍液，交替用药。

（五）缩 果 病

1. 发生规律　该病发生与刺吸式口器昆虫密度呈正相关。空气湿度大，尤其是间断性降雨或连阴天，高温高湿，病害往往大流行，蔓延成灾。

2. 危害症状　枣果感病后，果肉由淡绿色转赤黄色，果实大量脱水，一侧出现纵向收缩纹，进而果柄形成离层，果实提前脱落。病果瘦小，果肉黄色、发苦，含糖量明显下降。果实成熟初期为发病高峰期（图 8-24）。

图 8-24　缩果病危害状

3. 防治方法　①清理病果，集中烧毁或深埋。②加强肥水管理，增强树势，提高抗病能力。③加强对刺吸式口器害虫的防治，降低虫口密度，减少传播媒介。

（六）煤 污 病

1. 发生规律 当枣树的枝、叶、果有汁液外渗或粘有蚧、蚜分泌物或排泄物时，病原菌的分生孢子或子囊孢子就以此为培养基，在其上生长发育，并靠风力、昆虫或雨水传播，一年进行多次重复感染，7月中旬至8月中旬为发病盛期。介壳虫、蚜虫密度同该病害的发生呈正相关，雨量大、空气湿度大的年份病害大流行。

图8-25 煤污病危害状

2. 危害症状 主要危害叶、果实和枝条，严重时叶片、枝条和果实全被黑色霉菌覆盖，整个树体变为黑色，新叶几乎不萌发，老叶光合作用、呼吸作用和蒸腾作用均受到影响。花期发生时，影响花蕾质量和坐果，后期发生影响果面光洁度（图8-25）。

3. 防治方法 ①萌芽期到展叶期加强对介壳虫、蚜虫及白粉病等病虫害防治，是减少该病发生与发展的关键。②7月中旬以前喷药，药剂可选用50%多菌灵可湿性粉剂800倍液，或50%戊菌唑水分散粒剂800～1 000倍液，每隔7～10天喷1次，连喷2～3次。

（七）枣　疯　病

1. 发生规律　枣疯病病原菌为类菌质体，主要靠叶蝉等刺吸式口器昆虫和嫁接、修剪等作业活动传播。一般先从个别小枝发病，经 3 ~ 4 年全株发病。冬枣不同树龄均可感病，以幼树发展蔓延较快，盐碱地发病较轻。

2. 危害症状　发病后，主要表现为树体生理紊乱，内源激素失调，叶片黄化，小枝丛生，花器返祖，果实畸形。春季萌发的根蘗，一出土即表现出丛枝状。叶部症状有两类：一是小叶型，萌生出的新枝，具多发、丛生、纤细、小叶、黄化等特点。二是花叶型，叶片呈现不规则的块状，为黄绿不均、凹凸不平的花叶。落叶迟或枯而不落。花部症状为花柄伸长变为小枝，花萼、花瓣、雄蕊呈枝状，顶端长出 1 ~ 3 片小叶。果实表现为畸形，果面不平，肉质松软，含糖量低（图 8-26，图 8-27）。

图 8-26　枣疯病花器变异状　　　图 8-27　枣疯病叶片变异状

3. 防治方法　①加强检疫，严把苗木质量关。②轻病树可及时剪去疯枝，萌芽前进行环割，加强肥水管理，增强树势。有条件的地方可用四环素注射或灌根。③重病树尽早挖除，减少传染源。④药剂防治。结合其他病虫害防治，采用内吸型农药防治刺吸式口器害虫。轻病树可根部皮下注射吲哚乙酸或吲哚丁酸等内源激素，保持生理平衡，通过生理途径防治病害。

（八）枣树腐烂病

1. 发生规律　枣树腐烂病又称枝枯病。主要侵害幼树和老树，常造成小枝枯死。

2. 危害症状　主要侵害衰弱树的枝条，干桩等部位也较多受害。病枝皮层开始变红褐色，渐渐枯死，以后在枯枝上从枝皮裂缝处长出黑色突起点，即为病原菌的孢子（图8-28）。

3. 防治方法　①加强管理，增施腐熟农家肥，增强树势，提高抗病力。②彻底剪除树上的病枝，并

图8-28　枣树腐烂病危害状

集中烧毁，以减少病害的侵染源。

（九）细菌性疮痂病

1. 发病规律　冬枣细菌性疮痂病是近几年新流行的病害，可侵染冬枣叶片、枣吊、枣头等部位，致使枣吊断裂、落叶和落果。严重时，常使花蕾不能形成，叶片大量脱落，直接影响冬枣坐果率。

2. 危害症状

（1）**枣吊发病**　发病时间为 5 ~ 6 月份。发病初期，在枣吊上纵向出现浅色至白色类似线状突起，之后开裂并出现菌浓，呈条状裂痕。后期发病部位失水，有的枣吊出现断裂，花蕾脱落。严重时花蕾少甚至形不成花蕾，坐果率显著降低，甚至坐不住果。最后枣吊干枯，坐住的果实由于营养不良，品质差（图 8-29，图 8-30）。

图 8-29　枣吊危害状

图 8-30　花蕾病危害状

（2）**枣头发病**　枣头弯曲或发黑，生长点失去顶端优势，不能形成健壮枣头。发病后期，随着树体的生长发育，形成干裂的疤痕（图 8-31）。

3. 防治方法　①培肥地

图 8-31　枣头危害状

力，改良土壤，增施有机肥和钾肥，杜绝或减少施用速效化肥。②避免花期和坐果期浇水，创造不利于病害发生的环境条件。③药剂防治。露地冬枣萌芽前（3月底至4月上旬）喷施3～5波美度石硫合剂（设施冬枣严禁喷施石硫合剂）。4月下旬防治盲蝽象、蓟马等害虫。越冬期可用20%噻菌铜悬浮剂500倍液喷施防治，花期可用10%春雷霉素可湿性粉剂500倍液喷施防治，每隔5～7天用药1次，连续防治1～2次。

（十）果　锈　病

1. 发生规律　果锈病主要发生在果实成熟前，危害较轻。当果皮表面受到外界摩擦或刺伤时，木栓层代替了表皮的保护作用，在果面形成一层锈斑。

图 8-32　果锈病危害状

2. 危害症状　发病后木栓层代替了表皮的保护作用，果面有一层锈斑，影响冬枣外观，降低了商品性（图8-32）。

3. 防治方法　①加强栽培管理，增强树势，减轻果锈病发生。春季土壤干旱时及时浇水，也可减轻果锈病。②及时防治锈壁虱，可减轻果锈病。③落花后10天左右喷施50%多菌灵可湿性粉剂600倍液。

（十一）缺　铁　症

1. 发生规律　枣园土壤在偏碱情况下，酸溶性铁容易被固定和沉淀，使有效铁含量不足。

2. 危害症状　枣树缺铁症又叫黄叶病，常发生在盐碱地或石灰质过高的地块。苗木和幼树受害较重，表现为新梢上的叶片变为黄色或黄白色，而叶脉仍为绿色，严重时顶端叶片焦枯。

3. 防治方法　增施农家肥，促使土壤中铁元素变为可溶性。同时，在秋施基肥时可用 3% 硫酸亚铁与饼肥或牛粪混合后施用，方法是将硫酸亚铁 0.5 千克溶于少量水中，与饼肥 5 千克或牛粪 50 千克混合均匀施入枣树根部，有效期可达半年。于 6 ～ 7 月份叶面喷洒 0.4% 硫酸亚铁溶液＋ 0.3% ～ 0.4% 尿素溶液，防治效果良好。

（十二）缺　硼　症

1. 发生规律　土壤中缺硼，加之枣树开甲后根系缺少汁液回流的有机营养，致使根系吸收能力减弱而出现缺硼症。

2. 危害症状　冬枣缺硼症主要表现在果实、新梢、幼叶上。幼果开始膨大时，果面出现近圆形褐色凹陷干斑，果皮与果肉分离呈龟裂状，果实畸形。轻者病斑后期翘离果面，自行脱落。晚花所结果实，尖嘴似猴头，发育很慢，多为淡黄色小果。初夏新梢顶端叶片呈淡黄色，叶柄、叶脉扭曲，叶尖、叶缘和叶肉产生坏死褐斑，新梢局部皮层坏死，阻碍养分输导，形成枯梢。

3. 防治方法　①于开花前、盛花期、坐果期和 7 月份发病期，分别叶面喷施 1 次 0.3% ～ 0.5% 硼砂溶液，或 0.2% ～ 0.3% 硼酸溶液。②秋季或萌芽前，结合施基肥每亩增施硼肥 1 千克左右。③增施有机肥和菌肥，改良土壤理化性状，提高根系对硼的吸收能力。

（十三）裂 果

1. 发生规律 冬枣裂果分为生理性裂果和缺素性裂果两类。

（1）生理性裂果 发生的主要原因是果实生长前期土壤过分干旱，进入转色期至成熟期后（近成熟期），若连续降水或遇暴雨，或过量灌水，使土壤水分急剧增加，根系快速吸收水分而使果实急剧增大，果实膨压增加，导致表皮胀裂而出现裂果。高温高湿是裂果的外因，果实渗透压分布不均，渗透压高的地方易吸收水分而胀裂是内因。

（2）缺素性裂果 发生原因除与品种及土壤水分供应状况有关外，还与土壤缺素有关。土壤中缺少某种营养元素，或果实生长后期氮、钾、硼过量而钙、镁含量偏低，则裂果较多。水分含量与裂果也有关，裂果高峰期叶片水分含量相对较低，裂果含水量高于正常果。

图 8-33 冬枣裂果状

2. 危害症状 果实开裂，裂果易引起炭疽病等病原菌的侵入，从而加速果实腐烂变质（图 8-33）。

3. 防治方法 ①树下种草，调节枣园小气候，增加枣园湿度，这也是生态果园的发展方向。②中耕保墒，保持土壤湿润。③秋施基肥时每亩增施硅钙肥 50 ~ 100 千克。幼果期叶面喷施螯合态钙肥，每隔 7 ~ 10 天喷 1 次，连喷 2 ~ 3 次。

（十四）冻　害

1. 发生规律　冬枣冻害是近年来发生的生理性病害。新栽枣树冬季遇到极端低温危害，对嫁接口和伤口危害最大。

2. 危害症状　苗木冻害多发生在地面以上 10 ～ 15 厘米至地面以下 2 ～ 4 厘米处。受冻部位皮色发暗、无光泽，皮层呈褐色或黑褐色，西南朝向的树皮发生纵裂并导致腐烂，树皮易脱落，严重时整株死亡。大树冻害，其当年新生枝条先受害，严重时老枝也受害，受害部位皮层由褐色变为黑褐色而枯死（图 8-34，图 8-35）。

图 8-34　新栽树冻害状　　　　图 8-35　萌芽期冻害状

3. 防治方法　①选择良种壮苗，要求苗木根系完整，主根粗度 0.3 厘米左右。②剪枝保湿。剪去二次枝，截留长度以 30 厘米左右为宜。栽前施足基肥，春季树发芽前或发芽期栽植，尽量避免秋栽；栽植深度与原土印平齐或超过 3 厘米为好，栽后浇透水并覆膜保墒。③幼树期少施氮肥，多施有机肥，适量增加中微量元素肥（土壤调理剂）。土壤封冻前（11 月中旬）全园大水漫灌 1 次。④枣树落叶后（11 月上旬）树干涂白，并注意防止野兔啃食树皮。

（十五）日 灼

1. 发生规律 主要是由于枣树叶片小而薄，多数枣果暴露在日光下，遇连阴雨后天气突然转晴、气温突然升高至30℃以上，在强光照射下幼果极易发生灼伤。设施栽培冬枣易发生，6月中旬至7月中下旬发病尤为严重。

2. 危害症状 日灼病多从果实膨大后期（硬核后）开始发生。发病初期在果实侧面产生淡褐色或红色不明显的斑块，严重时呈大面积斑块。随果实生长，病斑表面多发生龟裂，最后导致果面萎蔫、发红，影响品质（图8-36，图8-37）。

图8-36 日灼果发生初期　　　　图8-37 危害严重的日灼果

3. 防治方法 ①选择合理树型，通过修剪培养合理的树体结构，调节枝叶量和叶果比。②加强肥水管理，调节棚内湿度，有条件的可在伏旱时每天进行1～2个小时的滴灌或喷灌，然后浅中耕。③树盘覆盖秸秆或行间种草，减少地面裸露和阳光对地面直接照射而引起的土壤温度过高。④棚膜抹泥或加盖遮阳网。温室冬枣成熟期，在上午11时至下午3时棚的2/3盖棉被，打开通风口。春暖棚雨后或高温持续天气在棚膜上喷泥浆或加盖遮阳网，降低强光直射程度，可有效预防日灼危害。

第九章　冬枣采收分级与运输

一、冬枣采收

（一）果实成熟期

生产中，冬枣成熟度多按果皮颜色和果肉变化情况划分，冬枣成熟期则按其成熟度分为白熟期、脆熟期、完熟期3个阶段。

1. 白熟期　从果实充分膨大至果皮全部变白而未着红色为冬枣白熟期。这一阶段果皮细胞中的叶绿素大量消减，果皮褪绿而呈绿白色或乳白色，果实体积不再增加，肉质较疏松，汁液少，含糖量低，果皮薄而有光泽（图9-1）。

图 9-1　冬枣白熟期

图 9-2　冬枣脆熟期

2. 脆熟期　白熟期过后，果皮自梗洼、果肩开始逐渐着色，果皮向阳面逐渐出现红晕，然后出现点红、片红直至全红。果肉含糖量剧增，质地变脆、汁液增多，果肉仍呈绿白色或乳白色，食之稍脆、香甜、爽口，色、香、味俱佳，其营养物最丰富（图 9-2）。

3. 完熟期　脆熟期之后果实便进入完熟期，枣果皮色加深、养分增多、含糖量增加，但其水分和维生素含量逐渐下降，果肉逐渐变软，果皮皱褶。

（二）最佳采收期

冬枣最佳采收期为脆熟期，生产中应根据成熟度分批采收，即成熟一批采摘一批。最理想的采摘成熟度为初红至半红，如果长途运输应在初红期采收。采摘的果实应放于阴凉通风处，防止暴晒和雨淋。

（三）采收方法

冬枣皮薄肉脆，必须采取人工采摘的方法。冬枣采收，要本着轻摘、轻放、避免挤碰与摔伤和保持果实完整的原则，采收时左手抓好枣吊，右手拿好枣果，拇指掐住枣柄向上轻推，确保每个枣果均带果柄。也可用剪刀剪取枣果，注意保留果柄。盛放冬枣的容器可选用塑料桶或内壁用柔软物铺垫的果箱、果筐，不可用编织袋。采收操作时要轻拿轻放，切勿磕碰，避免损伤。同时，采摘应避开清晨露水未干或棚室内温度过高时进行，以免造成果柄处裂果或果肉失水。

二、冬枣采后分级

冬枣采收后，应按照质量等级要求进行分级，其目的是使冬枣销售趋向标准化，以取得更高的经济效益。分级操作时，将枣果轻轻倒入有铺垫物的钢丝床或地面，依分级标准严格挑选，挑出的虫果、伤果、病果、畸形果视为等外品，不作商品出售。

（一）感官要求

果实近圆形或扁圆形，果顶较平，果实着色度为初红或半红；果实完整，果面整洁，无不正常外来水分，无病果、虫果；果实皮薄、脆甜、多汁、无渣、无异味；具有适于市场流通、销售或贮存要求的成熟度。

（二）等级要求

依照《冬枣》中华人民共和国国家标准 GB/T 32714—2016，冬枣鲜果等级要求如表 9–1 所示。

表 9-1　冬枣鲜果等级要求

项　目	质量规定		
	特　级	一　级	二　级
果实色泽及着色面积	果皮赭红光亮，着色面积占果实表面积累计比例达 1/3 以上		果皮赭红光亮，着色面积占果实表面积累计比例达 1/4 以上
单果重（克）	18 ~ 22	14 ~ 18	10 ~ 14
可溶性固形物含量（%）	≥ 26	≥ 22	

三、冬枣包装运输

（一）包　装

　　冬枣价格较高，一般采收后直接分级包装进入冷链运输，以最快的速度进入市场。冬枣包装要求：①包装物为无毒材料制作。②包装容器大小适当，一般 2 ~ 5 千克为 1 件。棚室冬枣多采用礼品盒包装，一般 1 ~ 2 千克为 1 盒，盒内放有果托，以免果与果碰伤；盒外按商品要求设计图案或照片，并加注品牌商标、净重、保质期及有关事项。③包装盒或箱要具有抗压、抗击性能，避免在贮运过程中因吸水变形而损坏枣果。④容器内壁要光滑、柔韧，防止刺伤果实（图 9-3，图 9-4）。

图 9-3 冬枣泡沫塑料盒包装

图 9-4 冬枣礼品盒包装

（二）安全运输

冬枣运输包括公路、水路、铁路、航空等多种运输方式。整个运输过程应尽量避免损失，做到快装快运、轻装轻卸、防热防冻和远离污染源，即安全运输，以确保冬枣质量，提高其商品性（图 9-5）。

图 9-5 冬枣运输包装箱

105